教育部职业教育与成人教育司推荐教材
建设行业技能型紧缺人才培养培训工程系列教材

建筑工程技术文件管理

张福成　杨玉玲　张　颖　编
吴培庆　刘　利　　　　审

机械工业出版社

本书根据教育部、建设部发布的职业院校建设行业技能型紧缺人才培养培训指导方案编写。全书共5个单元，分别是施工技术资料管理、竣工图管理、工程资料编制与组卷、工程资料和工程档案的验收与移交、工程技术资料的计算机管理。本书结合北京市建筑工程资料管理的经验，对整体施工资料的归档编制体系作了详尽解说。为方便讲解，全书选择了一套比较完整的技术文件资料作为附录附在书后，书中全部正文内容均围绕附录展开讲解，以求得实用性和可操作性。

本书可作为职业院校建筑施工、建筑经济管理以及工业与民用建筑专业的教学用书，同时也可作为各地的资料员培训教材，还可供资料员相关岗位从业人员及其他管理人员参考。

为方便教学，出版社将向订购本书的院校免费赠送配套电子教案以及能力训练的参考资料和答案，相关教师可与责任编辑联系索要，电话：010-88379934。

图书在版编目（CIP）数据

建筑工程技术文件管理/张福成，杨玉玲，张颖编. —北京：机械工业出版社，2009.1（2024.8重印）
（建设行业技能型紧缺人才培养培训工程系列教材）
教育部职业教育与成人教育司推荐教材．职业院校建筑（市政）施工专业教学用书
ISBN 978-7-111-25192-7

Ⅰ. 建…　Ⅱ. ①张…②杨…③张…　Ⅲ. 建筑工程—文件—管理—专业学校—教材　Ⅳ. TU712

中国版本图书馆CIP数据核字（2009）第012999号

机械工业出版社（北京市百万庄大街22号　邮政编码100037）
责任编辑：王莹莹　版式设计：霍永明
责任校对：王　欣　责任印制：邓　博
北京盛通数码印刷有限公司印刷
2024年8月第1版第9次印刷
184mm×260mm · 14.75印张 · 344千字
标准书号：ISBN 978-7-111-25192-7
定价：39.00元

电话服务
客服电话：010-88361066
010-88379833
010-68326294

网络服务
机工官网：www.cmpbook.com
机工官博：weibo.com/cmp1952
金书网：www.golden-book.com
机工教育服务网：www.cmpedu.com

序

随着我国国民经济连续几年保持两位数的高速增长，作为国民经济支柱产业的建筑业更是快速发展。首都北京由于2008年奥运会的举办和受房地产热的推动，2006年开复工面积达到近1.4亿m^3的历史最高水平。一批工程量大、技术先进、施工难度大的工程相继开工建设或建成投入使用，如国家体育场（鸟巢）、中国大剧院、首都博物馆等。

作为建筑施工过程的重要组成部分，技术文件资料管理占有越来越重要的地位。工程资料主要有两个方面的作用：首先，可以通过参建各方人员在相关资料表格上签字，使其真正负起责任；其次，工程资料具有可追溯性，工程日后需要改建、扩建或是工程出现质量问题，可以查阅相关工程资料作为施工依据或明确责任。正是基于上述原因，建设单位、施工单位、监理单位越来越重视资料管理工作，也使越来越多的人加入到这项工作中来。作为施工单位的总工，在工作中常常听到很多一线同志抱怨资料管理工作难做。经过认真分析，我们认为主要是以下三个问题没有很好解决，不妨用三个英文单词What、When、Who来概括，即资料表格该填什么内容（What）、什么时间填（When）和谁来填（Who）。解决了“3W”问题，资料编制工作就容易多了。《建筑工程技术文件管理》一书较好地回答了“3W”问题。本书紧紧围绕北京地方标准《建筑工程资料管理规程》（DBJ 01—51—2003）编写，既不重复规程内容，又以丰富实用的内容对规程的具体操作进行了很好的补充。《建筑工程技术文件管理》一书如同资料辞典一般，使许多实践中经常遇到的问题可在其中找到答案。

《建筑工程技术文件管理》一书的出版发行，必将会对在校大、中专学生的学习有所启迪，也将成为资料编制管理人员和广大建筑工程技术人员的重要参考书之一。

吴培庆　教授级高级工程师

刘　利　高　级　工　程　师

前　言

本书以国家新颁布的《建筑工程文件管理整理规范》（GB 50328—2001）、建设部最新颁布的14本建筑工程施工质量验收规范和现行的规程、规范、标准及北京市地方标准《建筑工程资料管理规程》（DBJ 01—51—2003）为依据进行编写，叙述工程文件的管理职责、工程资料的分类、各类资料的形成途径和主要内容，重点讲述了施工资料的内容与管理要求，阐述了检验批、分项、分部、单位工程等验收表格的基本知识、填写方法与注意事项等。全书内容力求体现实用性和可操作性。

参加本书编写的人员有北京市建设职工大学张福成、北京市建设职工大学杨玉玲、北京城乡建设集团有限责任公司张颖，具体分工如下：单元1由张福成编写，单元2和单元3由杨玉玲编写，单元4和单元5由张颖编写。全书由北京城乡建设集团有限责任公司教授级高级工程师吴培庆和高级工程师刘利负责审稿，并对书稿提出了宝贵的修改意见，在此表示衷心的感谢。

由于编者水平有限，疏漏和不妥之处在所难免，恳请广大读者提出意见，以便于我们改进和提高。

编　者

目　　录

序
前言
绪论 …… 1
单元1　施工技术资料管理 …… 7
课题1　工程管理与验收资料 …… 7
课题2　施工管理资料 …… 9
课题3　施工技术资料 …… 12
课题4　施工测量资料 …… 16
课题5　施工物资资料 …… 20
课题6　施工记录 …… 23
课题7　施工试验记录 …… 37
课题8　施工质量验收记录 …… 46
实训报告 …… 52
单元2　竣工图整理 …… 53
课题1　改绘竣工图 …… 54
课题2　编制竣工图 …… 56
单元3　工程资料编制与组卷 …… 60
课题1　工程资料分项目录的编制 …… 60
课题2　工程资料卷内目录的编制 …… 61
课题3　工程资料编制与组卷要求 …… 61
课题4　声像技术制作工程档案 …… 64
课题5　施工资料编号的原则及组成 …… 65
实训报告 …… 67
单元4　工程资料和工程档案的验收与移交 …… 68
课题1　工程资料和工程档案的验收 …… 68
课题2　工程档案移交 …… 70
单元5　施工技术资料计算机管理 …… 72
课题1　软件安装与启动 …… 72
课题2　软件的基本使用过程 …… 74
附录 …… 79
附录A　主要施工资料表格形式 …… 81
附录B　主要施工物资的取样与试验项目 …… 178
附录C　质量验收表格样式 …… 197
附录D　见证管理用表 …… 205
附录E　相关组卷参考表 …… 208

绪　　论

建筑工程技术文件是施工过程的真实记录，是进行竣工验收的必备条件，是城建档案的重要组成部分，是竣工备案的依据，也是对工程进行检查、管理、维修、使用、改造的重要依据。工程质量与施工技术资料的形成有着密切的关系，建设单位、监理单位、施工单位、城建档案馆对全部工程资料的编制和管理负有管理职责。

施工技术文件应实行报验、报审管理，施工过程中形成的资料应按报验、报审程序，通过相关施工单位审核后，方可报建设单位。施工技术文件主要包括施工技术资料、施工物资资料、质量验收记录等。各类施工技术文件的管理流程如下。

1. 施工技术资料管理流程

施工技术资料管理流程如图 0-1 所示。

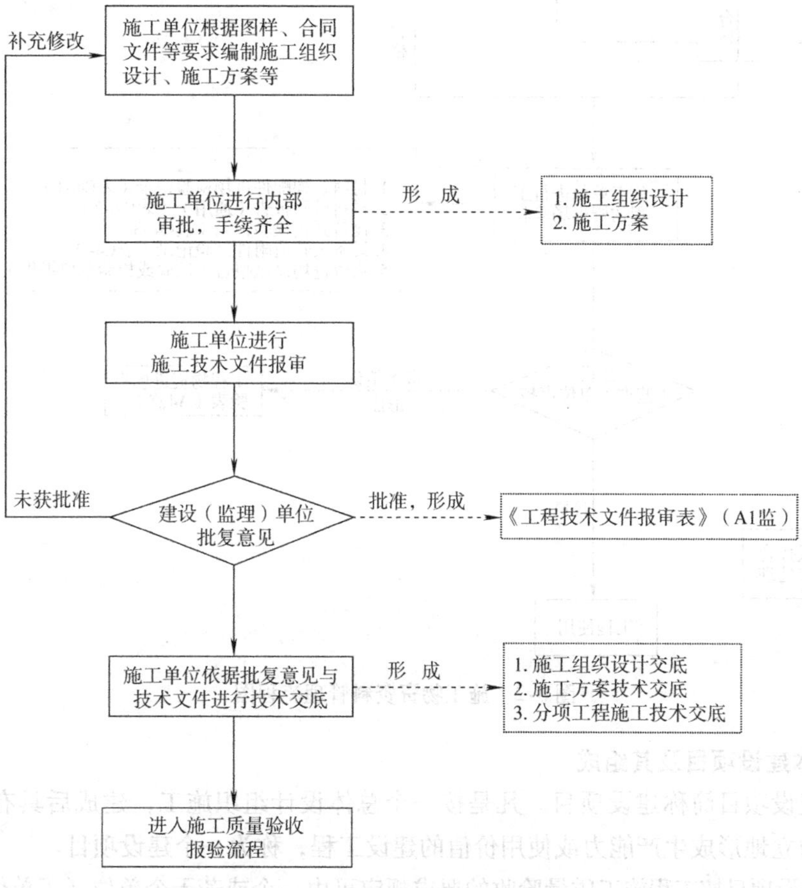

图 0-1　施工技术资料管理流程图

2. 施工物资资料管理流程

施工物资资料管理流程如图 0-2 所示。

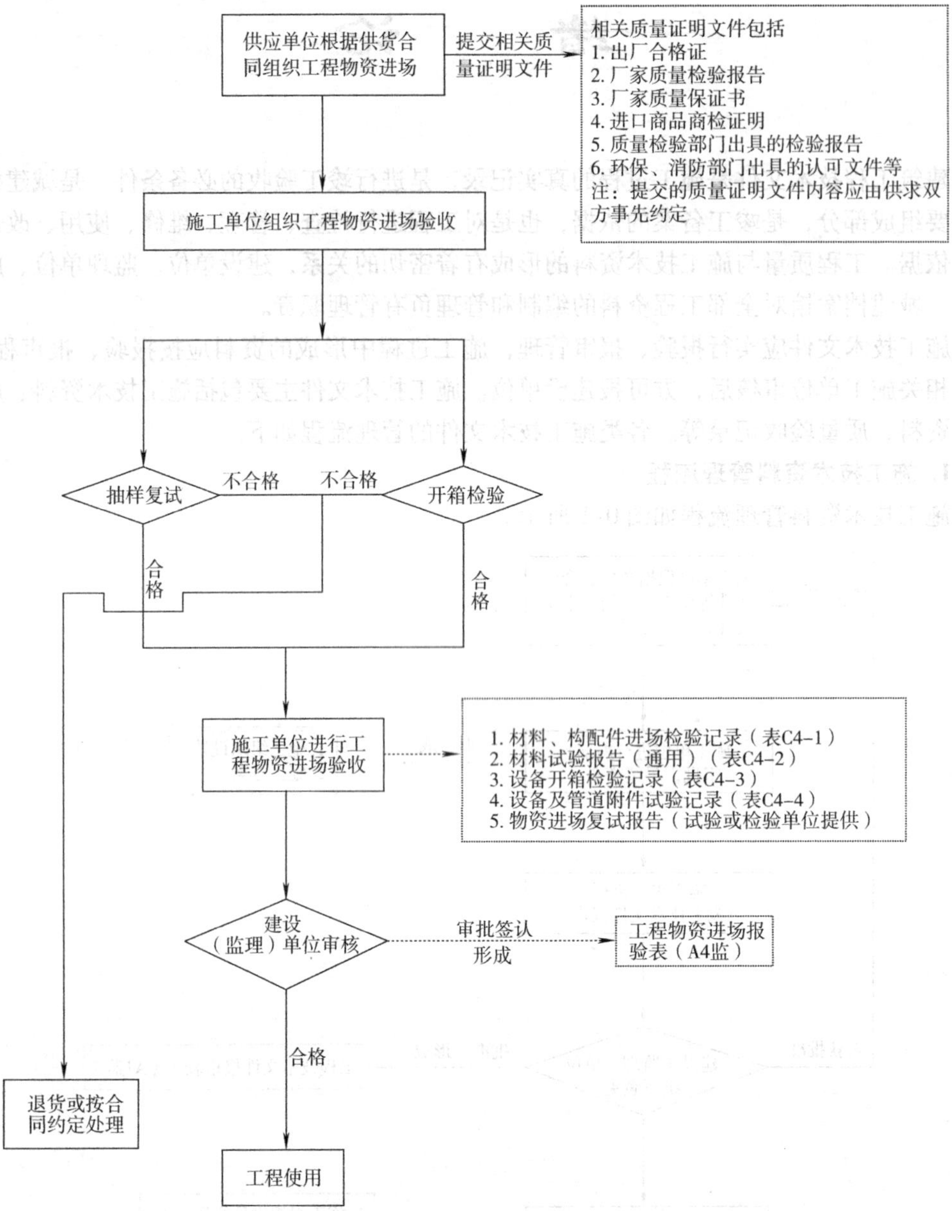

图 0-2　施工物资资料管理流程图

3. 基本建设项目及其组成

基本建设项目简称建设项目。凡是按一个总体设计组织施工，建成后具有完整的系统，可以独立地形成生产能力或使用价值的建设工程，称为一个建设项目。

一个建设项目按工程施工质量验收的要求规定可由一个或若干个单位（子单位）工程组成，一个单位（子单位）工程可由若干个分部（子分部）工程组成，一个分部（子分部）工程可由若干个分项工程组成，分项工程可由一个或若干个检验批组成。在实际工程质量验收过程中，在上述部分验收过程中都会形成技术文件。下面将对各基本概念进行介绍。

单位（子单位）工程：具备独立施工条件并能形成独立使用功能的建筑物及构筑物为一个单位工程。建筑规模较大的单位工程，可将其形成独立使用功能的部分定为一子单位工程。单位（子单位）工程是由若干个分部工程构成的。

分部（子分部）工程：按建筑部位或专业性质进行划分的工程，当分部工程较大或较复杂时，可按材料种类、施工特点、施工程序、专业系统及类别等划分为若干子分部工程。分部（子分部）工程是由若干个分项工程构成的。

分项工程：按主要工种、材料、施工工艺、设备类别等进行划分的工程。分项工程是由若干个检验批组成的。

检验批：按同一的生产条件或规定的方式汇总起来供检验用的，由一定数量样本组成的检验体。检验批是分项工程中的最小基本单元，是分项工程质量检验的基础。

验收：建筑工程在施工单位自行质量检查评定的基础上，参与建设活动的有关单位共同对检验批、分项、分部、单位工程的质量进行抽样复验，根据相关标准以书面形式对工程质量达到合格与否作出确认。

4. 检验批质量验收流程

检验批质量验收流程如图 0-3 所示。

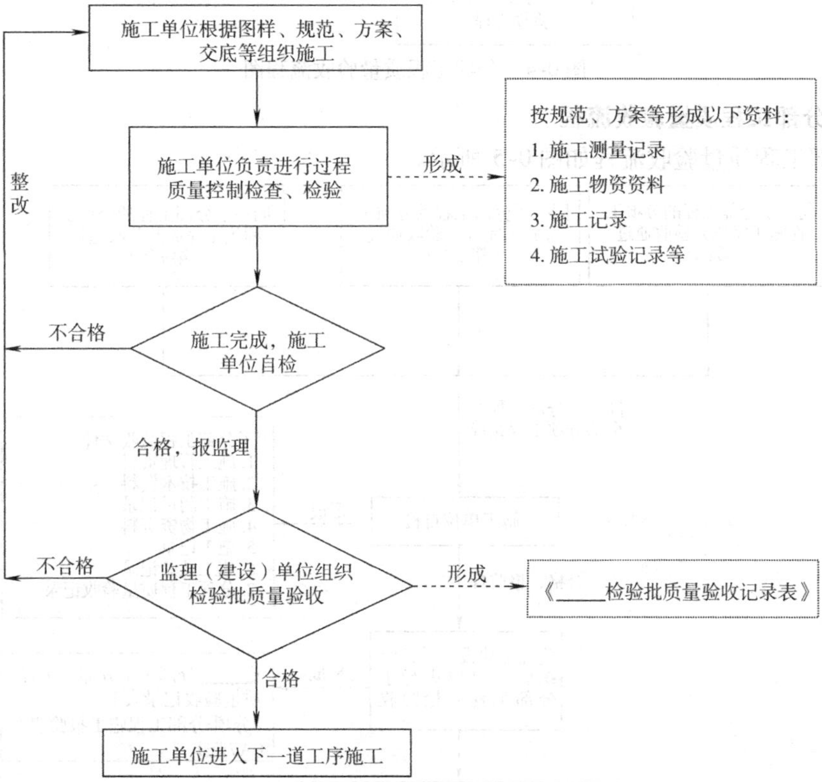

图 0-3　检验批质量验收流程图

5. 分项工程质量验收流程

分项工程质量验收流程如图 0-4 所示。

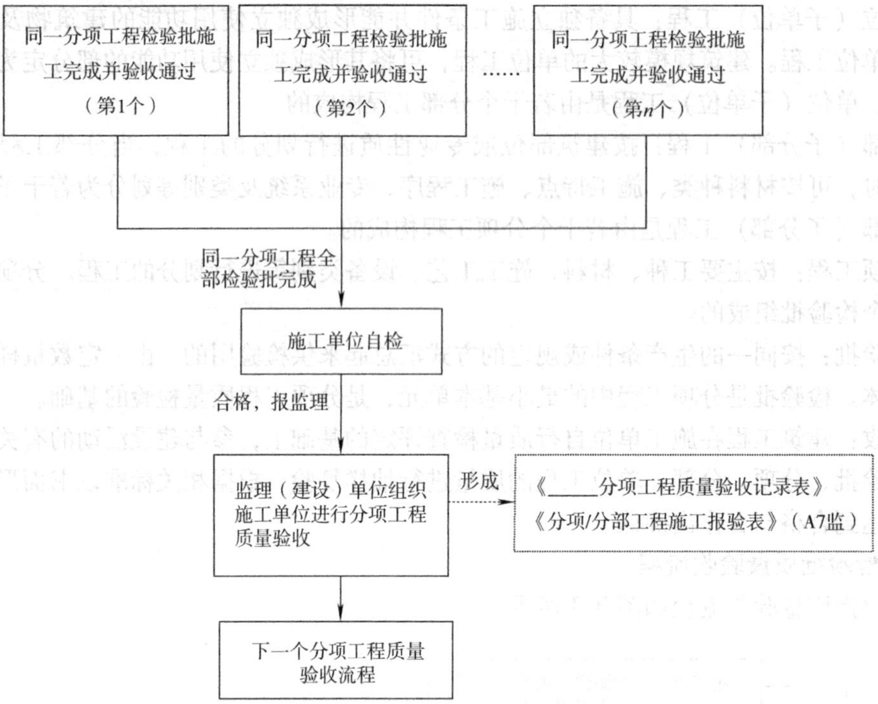

图 0-4　分项工程质量验收流程图

6. 子分部工程质量验收流程

子分部工程质量验收流程如图 0-5 所示。

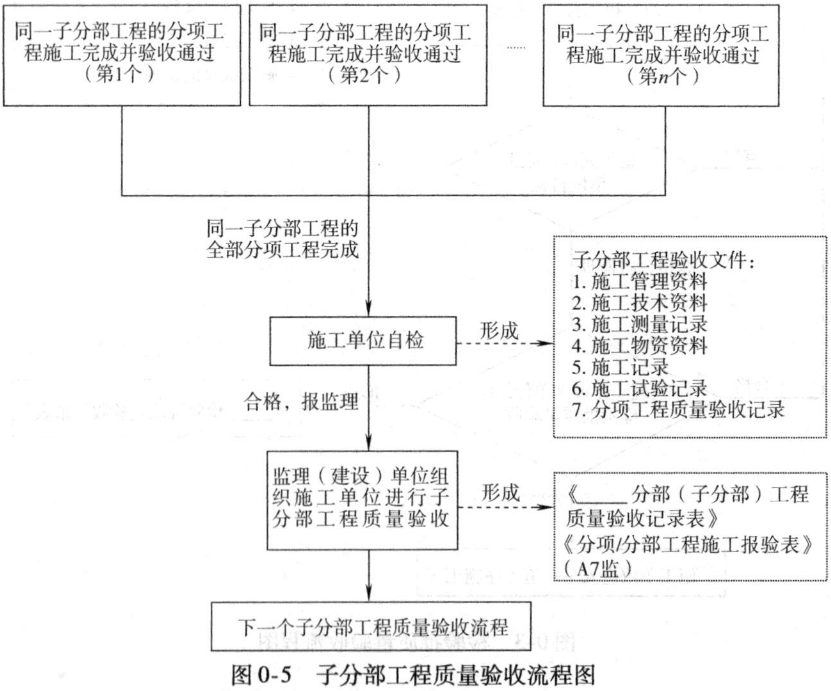

图 0-5　子分部工程质量验收流程图

7. 分部工程质量验收流程

分部工程质量验收流程如图 0-6 所示。

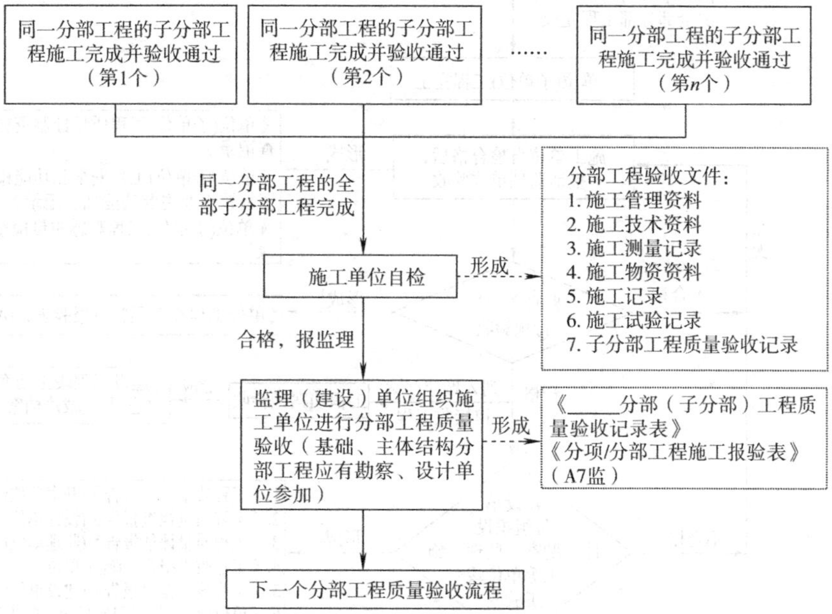

图 0-6　分部工程质量验收流程图

8. 工程验收资料管理流程

工程验收资料管理流程如图 0-7 所示。

[能力训练] 某中学教学楼，主体为四层全现浇框架结构，建筑面积3000m^2，基础类型为独立柱基础，不考虑地下水的影响，施工内容包括：基础阶段、主体阶段、屋面阶段和装饰装修阶段；主要设施包括：给排水、采暖和电气；为教学需要，楼内需安装计算机网络系统。

1. 请列举出本工程的单位工程、子单位工程、分部工程、分项工程和检验批。
2. 写出本工程质量验收的程序。

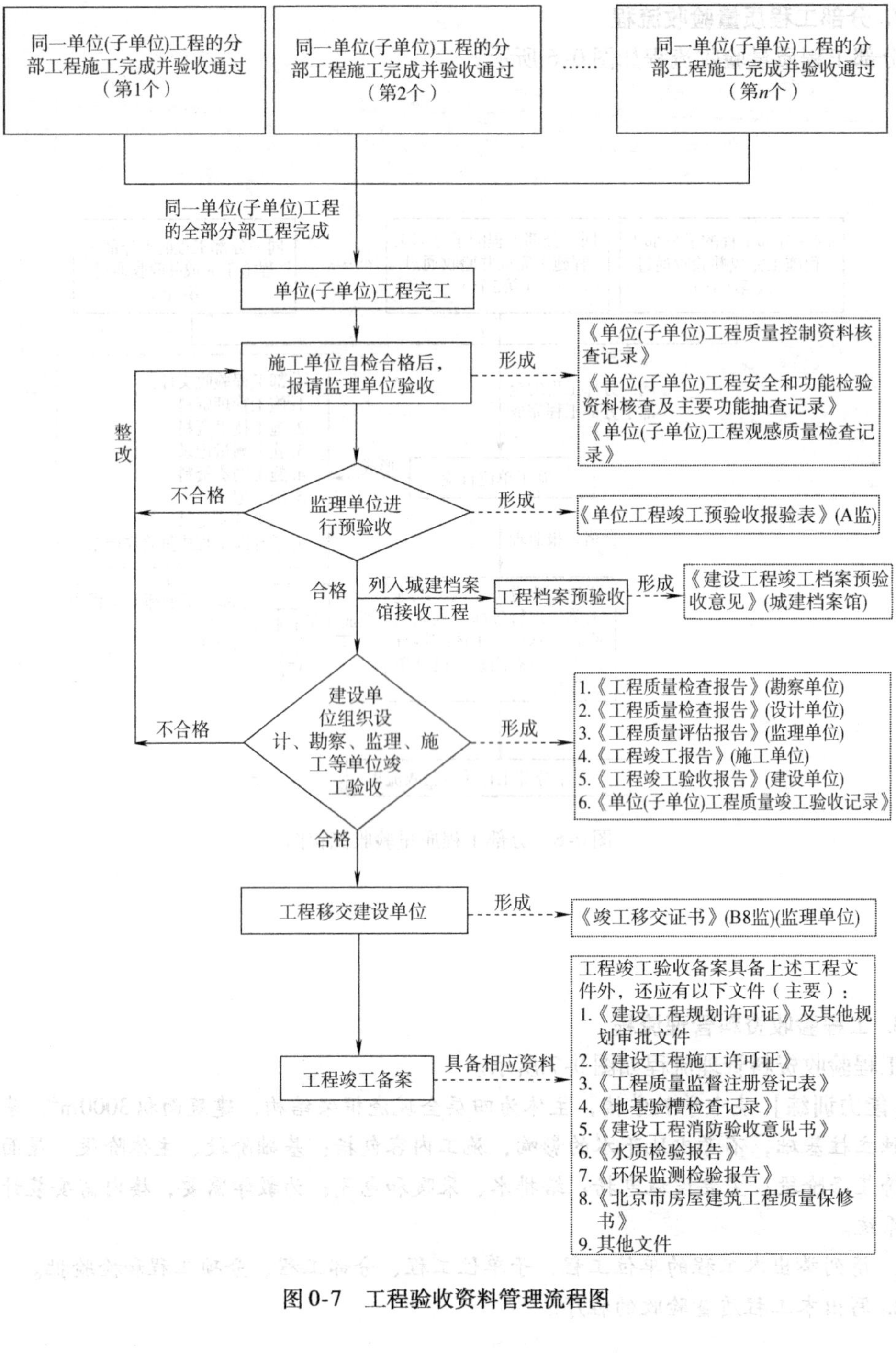

图 0-7　工程验收资料管理流程图

单元1　施工技术资料管理

课题1　工程管理与验收资料

1. 工程管理与验收资料的内容

工程管理与验收资料包括工程概况表、工程质量事故报告、单位（子单位）工程质量竣工验收记录、室内环境检测报告、施工总结和工程竣工报告等。

2. 工程管理与验收资料的填写要求

（1）工程概况表　工程概况表见附录 A 表 A-1（组卷编号 C0-1），分四部分内容。

在“一般情况”栏中应表述工程名称、建设单位、设计单位、监理单位、施工单位名称，工程总建筑面积、建设用途、建设地点及开工日期、竣工日期，本工程结构类型、基础类型、人防等级、抗震等级等，还应表述地上面积、地下室面积等内容。

在“构造特征”栏中应表述建筑物的主要构造情况，填写基础形式；主体内外墙、柱、梁、板的主要尺寸；内、外墙装饰，楼地面装饰的主要做法及屋面构造做法（重点是防水构造）。

在“机电系统名称”栏内简要描述本工程机电部分的几大主要系统及主要设备的参数、机电承受的容量和电压等级等。

在“其他”栏中可填写本工程关键工序或本工程的一些特殊要求，还可以填写采用的新材料、新工艺、新产品、新设备等。主要按照施工合同、施工图样的有关内容填写。

[**能力训练**] 参观一个正在施工的工地，对工程概况进行调研了解，并将相关资料按要求填入附录 A 表 A-1 中。

训练思考：应该从什么地方获取工程概况信息？如果该工地公示牌上的工程概况信息不全，应该找谁调研此类信息？

训练贴士：进入工地请按规定戴上安全帽，注意各种安全标识，注意头上脚下，走安全通道。

（2）工程质量事故报告　工程质量事故报告一般也称建设工程质量事故调（勘）查记录，分为调查人填写和报告人填写两种，分别见附录 A 表 A-2（组卷编号 C0-2）和附录 A 表 A-3（组卷编号 C0-3）。

凡工程发生重大质量事故，应按要求进行记载。其中发生事故时间应记载年、月、日、时、分；估计造成损失（表 A-3 中“经济损失”），指因质量事故导致的返工、加固等费用，包括人工费、材料费和管理费；事故情况（表 A-3 中“事故经过、后果”），包括倒塌情况（整体倒塌或局部倒塌的部位）、损失情况（伤亡人数、损失程度、倒塌面积等）；事故原因，包括设计原因（计算错误、构造不合理等）、施工原因（施工粗制滥造，材料、构配件或设备质量低劣等)、设计与施工的共同问题、不可抗力等；处理意见，包括现场处理情况、设计和施工的技术措施、主要责任者及处理结果。

(3) 单位（子单位）工程质量竣工验收记录

1）单位工程完工，施工单位组织自检合格后，应报请监理单位进行工程预验收，通过后向建设单位提交工程竣工报告并填报单位（子单位）工程质量竣工验收记录表（见附录C表C-4)。建设单位应组织设计单位、监理单位、施工单位等进行工程质量竣工验收并记录，验收记录上各单位必须签字并加盖公章。

2）凡列入报送城建档案馆的工程档案，应在单位工程验收前由城建档案馆对工程档案资料进行预验收，并出具建设工程竣工档案预验收意见。

3）单位（子单位）工程质量竣工验收记录表应由施工单位填写。其中的验收结论由监理单位填写。表中的综合验收结论应由参加验收各方共同商定，并由建设单位填写，主要对工程质量是否符合设计和规范要求及总体质量水平作出评价。

4）进行单位（子单位）工程质量竣工验收时，施工单位应同时填报单位（子单位）工程质量控制资料核查记录、单位（子单位）工程安全和功能检查资料核查及主要功能抽查记录、单位（子单位）工程观感质量检查记录，作为单位（子单位）工程质量竣工验收记录的附表。

[能力训练] 5位同学为一组，各自扮演施工单位、设计单位、监理单位、建设单位、城建档案馆的负责人员，演习单位工程质量竣工资料验收过程，并将此过程用小剧本的形式记录下来。

训练思考：什么是单位工程？检查资料时各人员应该着重注意什么问题？

(4) 室内环境检测报告

1）民用建筑工程及室内装修工程应按照现行国家规范要求，在工程完工至少7天以后、工程交付使用前对室内环境进行质量验收。

2）室内环境检测应由建设单位委托经有关部门认可的检测机构进行，并出具室内环境污染物浓度检测报告。

(5) 施工总结　施工总结是建筑工程的阶段性、综合性或专题性文字材料，应由项目经理负责写作，可包括以下几方面内容。

1）管理方面：根据工程特点，进行项目质量、施工现场、合同、成本和综合控制等方面的管理总结。

2）技术方面：工程采用的新技术、新产品、新工艺、新材料总结。

3）经验方面：施工过程中各种经验与教训总结。

(6) 工程竣工报告　单位工程完工后，由施工单位编写工程竣工报告，主要内容包括以下几方面。

1）工程概况及实际完成情况。

2）企业自评的工程实体质量情况。

3）企业自评施工资料完成情况。

4）主要建筑设备、系统调试情况。

5）安全和功能检测、主要功能抽查情况。

[**能力训练**] 上网或通过其他渠道搜集一篇施工总结和一篇工程竣工报告。

训练思考：施工总结和工程竣工报告有什么区别？你所搜集的资料还有什么可改进的地方？

课题2 施工管理资料

1. 施工管理资料的内容

施工管理资料主要包括施工现场质量管理检查记录、企业资质证书及相关专业人员的岗位证书、有见证取样和送检管理资料、施工日志等。它是施工单位在施工全过程管理方面的资料，多由施工单位填写，各相关单位保存。

2. 施工管理资料的填写要求

（1）施工现场质量管理检查记录 施工现场质量管理检查记录是健全质量管理体系的具体要求，建筑工程在开工前均需由施工单位现场负责人填写该表，监理单位的总监理工程师或建设单位项目负责人签署验收。施工现场质量管理检查记录见附录 A 表 A-4（组卷编号 C1-1），填写要求如下。

1）表头部分。填写参与工程建设各责任方的主要概况。

“工程名称”栏，填写工程名称全称，要与合同或招标文件中的工程名称一致。“施工许可证”栏，填写当地建设行政主管部门批准发给的施工许可证（开工证）的编号。“建设单位”栏填写合同文件中的甲方，单位名称要与合同签章上的单位相一致。建设单位“项目负责人”栏，要填写合同书上签字人或签字人以文字形式委托的该项目负责人。工程完工后竣工验收备案表中的单位项目负责人应与此一致。

“设计单位”栏，填写设计合同中签章单位的名称，其全称应与印章上的名称一致。设计单位“项目负责人”栏，应是设计合同书签字人或签字人以文字形式委托的该项目负责人，工程完工后竣工验收备案表中的单位项目负责人应与此一致。

“监理单位”栏填写单位全称，应与合同或协议书中的名称一致。“总监理工程师”栏应是合同或协议书中明确的项目监理负责人，也可是监理单位以文件形式明确的该项目监理负责人，总监理工程师必须有监理工程师任职资格证书，并要与其各相关专业对口。

“施工单位”栏填写施工合同中签章单位的全称，与签章上的名称一致。“项目经理”栏、“项目技术负责人”栏与合同中明确的项目经理、项目技术负责人一致。表头部分可统一填写，不需具体人员签名，只是用来明确负责人的地位。

2）检查项目部分。填写各项检查项目文件的名称或编号，并将文件（原件或复印件）附在表后供检查，检查后将文件归还原单位。

①“现场质量管理制度”栏。此栏主要包括图样会审制度、设计交底制度、技术交底制度、施工组织设计编制审批程序、质量预控措施、质量检查制度、各工序之间交接检查制度、质量奖惩制度、质量分析制度、不合格项处置办法等管理上的制度。

②“质量责任制”栏。施工现场的质量责任制一定要明确，此部分要有组织机构图，责任明确到各专业，落实到个人，并形成定期检查制度。

③“主要专业工种操作上岗证书”栏。整个单位工程，涉及的工种很多，要求测量放

线工、起重工（包括塔式起重机等垂直运输司机）、防水工、钢筋工、混凝土工、瓦工、焊工、司炉工、电工、管道通风空调安装工等工种持证上岗。以当地建设行政主管部门的规定为准。

④“分包方资质与分包单位的管理制度”栏。各专业承包单位的资质要齐全，要与其承包的业务范围相符，超出业务范围的均要办理特许证书，否则不能承接工程。专业分包单位应有自身的规章管理制度，总承包单位要有管理分包单位的管理制度（包括技术质量方面的管理制度等），还要与承包单位签订质量安全协议书。

⑤“施工图审查情况”栏。重点查看建设行政主管部门的施工图审查批准书及审查机构的审查报告。若图样是分批出图的，施工图审查可分阶段进行。

⑥“地质勘察资料”栏。要提供有勘察资质的单位出具的本工程正式的地质勘察报告。

⑦“施工组织设计、施工方案及审批”栏。重点检查施工组织设计和施工方案的编写内容中是否有针对工程特点的一系列技术、质量、安全、消防、环保措施，以及指导施工的程度。施工组织设计和施工方案要有编制单位名称，审批单位的审批意见等。

⑧“施工技术标准”栏。施工技术标准是分项工程操作的依据，是保证工程质量的基础，在工程施工前要明确选用的技术标准，可以选用国家标准、行业标准、地方标准，也可以用企业自定的不低于国家质量验收规范的操作规程的企业标准。但企业标准要有相应的批准程序，由企业总工程师、技术委员会负责人审查批准，要有批准日期、执行日期、企业标准编号及名称。企业还应建立技术标准档案，以备查看。

⑨“工程质量检验制度”栏。包括三方面的检验，一是主要原材料、设备进厂检验制度；二是施工过程的施工试验报告检查制度；三是竣工后的抽查检测制度。以上三方面制度的建立可使监理单位、建设单位、施工单位都做到心中有数，从而保证工程质量。

⑩“搅拌站及计量设置”栏。包括现场搅拌站的计量设施情况，现场搅拌的管理制度等。

⑪“现场材料、设备存放与管理”栏。施工单位要根据材料设备性能制订相应的管理制度，根据现场条件建立库房，保证材料设备的正常使用。

3）检查项目填写内容。根据检查情况，将检查结果填到相对应的栏中。可直接将有关资料的名称写上，资料较多时，也可将有关资料进行编号填写，注明份数。

填表应在开工之前，由施工单位负责人填写，监理单位的总监理工程师对现场进行检查后填写检查结论。

4）“检查结论”栏。此栏由总监理工程师或建设单位项目负责人填写。即总监理工程师或建设单位项目负责人，对施工单位承包的各项资料进行验收核查，验收核查合格后，签署认可意见。

检查结论要明确，是符合要求还是不符合要求。如总监理工程师或建设单位项目负责人验收核查不合格，施工单位必须限期改正，否则不准许开工。

[能力训练] 模拟一个单位工程，3位同学为一组，制作一份施工现场质量管理检查记录（相关附件如果缺乏资料可以用一张纸只写标题代替）。

训练思考：核对施工现场质量管理检查记录时的重点有哪些？施工现场质量管理记录包含内容众多，这些资料应该如何妥善保管才能既方便查找又不至丢失？

(2) 企业资质证书及相关专业人员的岗位证书　在正式施工前应审查分包单位资质

以及专业工种操作人员的岗位证书，填写《分包单位资质报审表》，报监理单位审核。

（3）有见证取样和送检管理资料　有见证取样和送检管理是工程资料管理的一项重要内容，国务院颁布的《建设工程质量管理条例》已将见证取样和送检管理列为行政法规。有见证取样和送检管理包括下列内容。

1）有见证取样和送检计划。

① 单位工程施工前，建设（监理）单位应与施工单位共同制订有见证取样和送检计划。内容包括：根据工程实际情况，按照有关规定确定工程见证取样和送检的项目；明确取样的原则与要求；依据取样原则确定应做试验总数（估）及应进行见证的次数（估）等。

② 有见证取样和送检计划的编制应科学、合理，保证取样的连续性和均匀性。计划的实施和落实应由项目技术负责人负责。

2）有见证取样和送检见证人。每个单位工程须设定1～2名取样和送检见证人，见证人由施工现场监理人员担任，或由建设单位委派具备一定试验知识的专业人员担任。施工和材料、设备供应单位人员不得担任。建设单位应向承监该工程的质量监督机构递交有见证取样和送检见证人备案书进行备案，有见证取样和送检见证人备案书见附录D表D-1。见证人更换须办理变更备案手续。

3）见证取样试验室。

① 承担有见证试验的试验室，应在有资格承担对外试验业务的试验室或法定检测单位中选定，并向质量监督机构备案。承担该项目的施工企业试验室不得承担该试验业务。

② 每个单位工程只能选定一个试验室承担有见证试验的任务。

4）见证取样项目。

① 用于承重结构的混凝土试块。

② 用于承重墙体的砌筑砂浆试块。

③ 用于承重结构的钢筋和连接接头试件。

④ 用于承重墙的砖和混凝土小型砌块。

⑤ 用于拌制混凝土和砌筑砂浆的水泥。

⑥ 用于承重结构的混凝土中使用的掺加剂。

⑦ 地下、屋面、厕浴间使用的防水材料。

⑧ 用于结构实体检验的混凝土同条件试块。

⑨ 后张法施工的预应力张拉施工记录。

⑩ 重要钢结构用钢材和焊接材料。

⑪ 高强度螺栓（预拉力、扭矩系数、摩擦面抗滑移系数）。

⑫ 网架节点（承载力）。

⑬ 国家规定必须实行见证取样和送检的其他试块、试件和材料。

⑭ 合同约定应进行见证的项目。

⑮ 对材料质量发生争议需要进行仲裁时可采取见证检验。

5）见证取样次数。

① 单位工程有见证取样和送检次数不得少于试验总数的30%，试验总次数在10次以下的不得少于2次。

② 重要工程或工程的重要部位可以增加有见证取样和送检次数。送检试样在现场施工试件中随机抽检，不得另外进行。

③ 有见证取样和送检的各种试验项目，凡未按规定送检或送检次数达不到要求，其工程质量应由法定检测单位进行检测确定，其检测费用由责任方承担。

6）见证记录。见附录 D 表 D-2。

① 施工过程中，见证人应按照有见证取样和送检计划，对施工现场的取样和送检进行见证，并在试样或其包装上做出标识、封志。标识和封志应标明样品名称、取样数量、工程名称、取样部位、取样日期，并有取样人和见证人签字。见证人应填写见证记录，见证记录应列入工程施工技术档案。承担有见证取样的试验室，在检查确认委托试验文件和试样上的见证标识、封志无误后方可进行试验，否则应拒绝试验。

② 有见证取样、送检项目的试验报告应加盖“有见证试验”专用章。

7）有见证试验汇总表。见附录 D 表 D-3。该表由施工单位填写，与其他施工资料一起纳入工程施工技术档案，作为评定工程质量的依据。

[能力训练] 现有某框架结构，为三层三跨，承重部分为现浇钢筋混凝土梁柱体系，基础采用独立柱基，围护结构采用轻体砌块（不承重），其中钢筋在现场绑扎完成，混凝土采用商品混凝土，防水部分由专业分包公司完成，建设单位特别要求对基础混凝土增加见证取样次数。5 位同学一组，先确定该工程的主要见证取样项目，选取其中的一个项目，各位同学分别扮演见证取样过程的不同角色，模拟一次见证取样过程，并把过程记录下来。

训练思考：如果在送达途中不小心把取样的样品损坏了，应该怎么办？

（4）施工日志　施工日志见附录 A 表 A-5（组卷编号 C1-2）。

施工日志是项目施工的真实写照，是竣工总结的依据，也是工程施工质量原因分析的依据。施工日志一般由项目各专业工长填写，记录从工程开工之日起至工程竣工之日止的施工情况。要求由专人逐日记载，并应保持内容的连续和完整。填写施工日志时要注意以下几点。

1）各专业工长分别填写，要逐日记载，不得后补。

2）施工日志的记录不应是流水账，要有时间、天气情况、分项部位、机械作业及人员情况。

3）施工日志只记录与工程有关的内容，如工程技术、质量、安全、生产变化、人员变动情况等应认真记录下来，与生产无关的内容不要记录。

4）施工日志应连续记录，若工程施工期间有间断，应在日志中加以说明。可在停工最后一天或复工第一天里描述。

5）施工日志应有完整性，除生产情况记录和技术质量安全工作记录完整外，若施工中出现问题，也要反映在记录中。

课题 3　施工技术资料

1. 施工技术资料的内容

施工技术资料是在施工过程中形成的用以指导正确、规范、科学施工的文件。施工技术资料也应该反映工程变更情况。其主要内容包括施工组织设计、施工方案、技术交底记录、图样会审记录、设计变更通知单、工程洽商记录。

2. 施工技术资料的填写要求

（1）工程技术文件报审表　见表1-1。

1）根据合同约定或监理单位要求，施工单位应在正式施工前将需要监理单位审批的施工组织设计、施工方案等技术文件，填写工程技术文件报审表（A1监）报监理单位审批。

2）工程技术文件报审应有时限规定，施工和监理单位均应按照施工合同或约定的时限要求完成各自的报送和审批工作。

3）当涉及主体和承重结构改动或增加荷载时，必须将有关设计文件报原结构设计单位或具备相应资质的设计单位核查确认，取得认可文件后方可正式施工。

表1-1　工程技术文件报审表

工程技术文件报审表（A1监）			编号	
工程名称			日期	
现报上关于＿＿＿＿＿＿＿＿＿＿＿＿＿＿＿＿工程技术文件，请予以审定。				
序号	类别	编制人	册数	页数
编制单位名称： 技术负责人（签字）：　　　　申报人（签字）：				
施工单位审核意见： □有/□无　附页 施工单位名称：　　　　审核人（签字）：　　　　审核日期：				
监理单位审核意见： 审定结论：　□同意　　□修改后再报　　□重新编制 监理单位名称：　　　　总监理工程师（签字）：　　　　日期：				

注：本表由施工单位填报，建设单位、监理单位、施工单位各存一份。

(2) 施工组织设计、施工方案

1) 单位工程施工组织设计应在正式施工前编制完成，并经施工单位的技术负责人审批。

2) 规模较大、工艺复杂的工程、群体工程或分期出图工程，可分阶段报批施工组织设计。

3) 主要分部（分项）工程、工程重点部位、技术复杂或采用新技术的关键工序应编制专项施工方案。冬、雨期施工应编制季节性施工方案。

4) 施工组织设计及施工方案编制内容应齐全，施工单位应首先进行内部审核，并填写工程技术文件报审表（A1 监）报监理单位批复后实施。发生较大的施工措施和工艺变更时，应有变更审批手续，并进行交底。

(3) 技术交底记录　技术交底记录见附录 A 表 A-6（组卷编号 C2-1）。

1) 技术交底记录应包括施工组织设计交底、专项施工方案技术交底、分项工程施工技术交底、“四新”（新材料、新产品、新技术、新工艺）技术交底和设计变更技术交底五类。各项交底应有文字记录，交底双方签认应齐全。

2) 重点和大型工程施工组织设计交底应由施工企业的技术负责人把主要设计要求、施工措施以及重要事项对项目主要管理人员进行交底。其他工程施工组织设计交底应由项目技术负责人进行。

3) 专项施工方案技术交底应由项目专业技术负责人负责，根据专项施工方案对专业工长进行交底。

4) 分项工程施工技术交底应由专业工长对专业施工班组（或专业分包单位）进行交底。

5)“四新”技术交底应由项目技术负责人组织有关专业人员编制。

6) 设计变更技术交底应由项目技术部门根据变更要求，并结合具体施工步骤、措施及注意事项等对专业工长进行交底。

[**能力训练**] 搜集一篇技术交底记录，并对照表 A-6 分析你所搜集的技术交底记录是否完整？还有什么地方需要改进？属于哪一类技术交底？

训练思考：技术交底记录应该怎么写才能既体现规范又能指导施工？

(4) 图样会审记录　图样会审记录见附录 A 表 A-7（组卷编号 C2-2）。

1) 图样会审之前应由监理、施工各专业单位将各自提出的图样问题及意见，按专业整理，汇总后报建设单位，由建设单位提交设计单位作交底准备。

2) 图样会审会议由建设单位组织设计、监理、施工单位技术负责人及有关人员参加，设计单位对各专业问题进行口头或书面交底，施工单位负责将设计交底内容按专业汇总、整理，形成图样会审记录。

3) 图样会审会议记录在建设、监理、设计和施工单位有关项目负责人和专业负责人签认下，形成正式的图样会审记录。任何人不得擅自在会审记录上涂改或变更内容。图样会审记录必须四方签字方可生效。

4) 若图样会审后，发生的一系列问题可用设计变更或工程洽商处理、记录更改的问题。

（5）设计变更通知单 设计变更通知单见附录A表A-8（组卷编号C2-3）。

1）设计变更是由设计方提出，对原设计图样的某个部位局部修改或全部修改的一种记录。

2）设计单位对发生变更的图样应及时下达设计变更通知单，其内容要详实，涉及图样修改的必须注明修改图样的图号，必要时应附施工图。

3）若在后期施工中，出现对前期某一变更或其中某条款重新修正的情况，必须在前期被修正条款上标明“作废”字样。

4）设计变更通知单由建设（监理）单位和施工单位的有关负责人及设计专业负责人签认方可生效。

5）设计变更等同于施工图，是工程施工和结算的依据。建设、监理、设计、施工单位各保存一份。

6）对于施工单位来说，设计变更应由项目部技术部门管理，与图样一并发放。同一区域相同工程如需用同一个设计变更时，可用复印件或抄件，但须注明原件存放处。

（6）工程洽商记录 工程洽商记录见附录A表A-9（组卷编号C2-4）。

1）工程洽商记录是建筑工程施工过程中一种协调业主和施工方、施工方和设计的记录。

2）工程洽商分为技术洽商和经济洽商两种，一般由施工方提出。它是工程施工、验收及改建、扩建和维修的基本而且重要的资料，也是绘制竣工图的重要依据。

技术洽商是对原设计图样与施工过程发生矛盾处的变更，也可以说是在满足设计的前提下，为方便施工对原设计做的变更。技术洽商一旦被建设单位、施工单位、设计单位和监理单位签字认可，即作为工程施工和结算的依据，保存在施工资料里。技术洽商的内容必须明确具体，对于原设计变更处，均应详细标明相关图样的页号、轴线位置和修改内容。

经济洽商是施工单位与建设单位在工程建设过程中纯粹的经济协商条款。仅需建设单位、施工单位签字即可。经济洽商的内容必须明确具体，每款每条都要描述清楚。

3）工程洽商要求办理及时，条理清晰，表达完整。施工中应先洽商后实施，决不允许先施工后办洽商。

4）工程洽商记录应分专业办理，内容详实，若文字条款不能表达清楚时应附图，并逐条注明修改图样的图号，以满足施工和预算的需要。各方单位签字要齐全。

5）若在后期施工中，出现对前期某一洽商或其中某条款重新修正的情况，必须在前期被修正条款上标明“作废”字样。

6）设计单位如不能每每签字，要办理委托签字手续。

7）分包单位的有关设计变更的洽商记录，应通过工程总承包单位办理。

8）对施工单位来说，工程洽商应由项目部技术部门管理，与图样一并发放。同一区域相同工程如需用同一个洽商时，可用复印件或抄件，但须注明原件存放处。

[能力训练] 某钢结构厂房工程，施工单位在施工前发现原B轴线和C轴线之间设置剪刀撑的位置与厂房入口位置发生矛盾，如果将厂房入口南移5m即可解决这个问题，同时也不会改变结构的承载状况。如果施工单位要对工程作此改变，需要进行工程洽商，那

么这种洽商属于什么洽商？施工单位应该如何办理？

训练思考：技术洽商与经济洽商有何区别？

课题4 施工测量资料

1. 施工测量资料的内容

施工测量资料包括工程定位测量记录，基槽验线记录，楼层平面放线记录，楼层标高抄测记录，建筑物垂直度、标高测量记录，沉降观测记录。

2. 施工测量资料的填写要求

(1) 施工测量放线报验表　施工单位应在完成施工测量方案、红线桩校核成果、水准点引测成果及施工过程中各种测量记录后，填写施工测量放线报验表，报监理单位审核。施工测量放线报验表见表1-2。

表1-2　施工测量放线报验表

<table>
<tr><td colspan="2">施工测量放线报验表（A2 监）</td><td>编号</td><td></td></tr>
<tr><td>工程名称</td><td></td><td>日期</td><td></td></tr>
<tr><td colspan="4">致__________（监理单位）：

我方已完成(部位)__________
(内容)__________
的测量放线，经自检合格，予以查验。

附件：1. □放线的依据材料______页
2. □放 线 成 果 表______页

测量员（签字）：　　岗位证书号：
查验人（签字）：　　岗位证书号：
施工单位名称：　　技术负责人：(签字)</td></tr>
<tr><td colspan="4">查验结果：

查验结论：　　□合格　　□纠错后重报

监理单位名称：　　监理工程师（签字）：　　日期：</td></tr>
</table>

注：本表由施工单位填报，建设单位、监理单位、施工单位各存一份。

(2) 工程定位测量记录 见附录A表A-10（组卷编号C3-1），填写时的注意事项如下。

1）工程名称应与图样标签栏内名称相一致。

2）表中的“施工（测量）单位”是指施工单位的测量单位（填具体施测单位名称即可）。

3）图样编号填写施工蓝图编号。

4）施测日期、复测日期按实际日期填写。

5）平面坐标依据、高程依据由测绘院或建设单位提供，应以当地相关行政部门（如北京市城市规划管理局）的钉桩坐标为标准。在填写时要写明点位编号，且与交桩资料中的点位编号一致。

6）闭合差必须如实填写，要精确到秒（″），不得填写“合格”或“符合要求”之类的字句。要计算出闭合差，且闭合差小于 $\pm\sqrt{n}/10000$（n 为测站数）。

7）“使用仪器”栏中要将仪器的名称、型号标注清楚。

8）仪器校验日期是指由法定检测单位校验的日期。

9）定位抄测示意图要标注准确，具体要求如下。

① 要标注指北针。

② 建筑物轮廓要用轴线示意，并标出尺寸。

③ 坐标、高程依据要标注引出位置，并标出它与建筑物的关系。若坐标高程依据按比例画超出表格范围，可将其控制点用虚线相连，只标出相对位置即可。特殊情况下，可不按比例只画示意图，但要标出主要轴线尺寸。

10）“复测结果”一栏必须填写具体数字，各坐标点的具体数值。不能只写“合格”或“不合格”。

11）签字栏中专业技术负责人为项目总工，测量负责人为施测单位主管，施测人是指定位仪器操作者，复测人是指施测单位的上一级测量人员。

12）其他注意事项。

① 工程定位测量必须附加计算成果、依据资料、标准轴线桩及平面控制网示意图。

② 工程定位测量记录表中的工程名称、施工单位、平面坐标依据、高程依据、图样编号由具体测量人员填写。

③ 工程定位测量预检由上级单位组织验线。

④ 工程定位测量预检合格后，由市城市规划管理部门下发验收通知单并将测量结果进行记录。

[**能力训练**] 7位同学一组，分别扮演施测人、施测单位主管、复测人、项目总工、上级单位、资料员、过程记录员，先由施测人按要求模拟填写表A-10，施测单位主管审核签字，复测人按要求补充表A-10，项目总工审核签字，上级单位补充表A-10，资料员对上述人员填写的表A-10进行检查并备案，过程记录员记录此过程中出现的问题并进行总结。

训练思考：什么是工程定位测量？

（3）基槽验线记录　见附录A表A-11（组卷编号C3-2）。

1）验线依据是指由建设单位或测绘院提供的坐标、高程控制点或工程测量定位控制桩、高程点等，其内容要描述清楚。

2）基槽平面、剖面简图要画出轮廓线，应标注主轴线尺寸、断面尺寸、高程。

3）“检查意见”一栏由监理人员填写。要将检查意见表达清楚，不得用“符合要求”等词代替检查意见。

4）签字栏中专业技术负责人为项目总工，专业质检员为现场质检员。

5）“施工（测量）单位”一栏按“谁施工填谁”这一原则执行。

（4）楼层平面放线记录　见附录A表A-12（组卷编号C3-3）。楼层平面放线内容包括轴线竖向投测控制线、各层墙柱轴线、墙柱边线、门窗洞口位置线、垂直度偏差等，施工单位应在完成楼层平面放线后，填写楼层平面放线记录，报监理单位审核。

1）放线部位一定要分层、分轴线或按施工流水段填写，是哪部分的就填写哪部分，不能笼统填写。若建筑面积小，没有划分施工流水段，就按轴线填写。如：二层①轴，②轴，…，⑥轴墙体、门窗洞口。

2）放线依据要写清具体使用的定位控制桩、高程点。

3）放线简图：若是平面放线要标柱轴线尺寸、放线尺寸；若是外墙、门窗洞口放线要画剖面简图，注明放线的标高尺寸。

4）“检查意见”一栏由监理人员填写。要将检查意见表达清楚，不得用“符合要求”等词代替检查意见。

5）签字栏中专业技术负责人为项目总工，专业质检员为现场质检员。

（5）楼层标高抄测记录　见附录A表A-13（组卷编号C3-4）。楼层标高抄测内容包括楼层+0.5m（或+1.0m）水平控制线、皮数杆等，施工单位应在完成楼层标高抄测后，填写楼层标高抄测记录，报监理单位审核。

1）抄测部位应注明哪层哪段，如首层Ⅱ段⑤轴—⑩轴。

2）抄测内容写明是50cm线还是1m线。

3）抄测依据：要根据测绘院给出的高程点、施工图等确定。

4）抄测简图：画出抄测部位的简图。

5）“检查意见”一栏由监理人员填写。要将检查意见表达清楚，不得用“符合要求”等词代替检查意见。

6）签字栏中专业技术负责人为项目总工，专业质检员为现场质检员。

7）“施工单位”一栏按“谁施工填谁”这一原则执行。

（6）建筑物垂直度、标高测量记录　为了保证结构工程质量，控制建筑物的垂直度，施工单位应在施工期间、结构工程完工、单位工程竣工后分别对建筑物的垂直度和全高进行测量并记录。对超出允许偏差且影响结构性能的部位，要有技术处理方案和具体补救措施。技术处理方案和具体补救措施要经建设单位或监理单位认可后进行处理。

1）施工单位应在结构工程完成和工程竣工时，对建筑物垂直度和全高进行实测并记录，填写建筑物垂直度、标高测量记录，报监理单位审核。

2）超过允许偏差且影响结构性能的部位，应由施工单位提出技术处理方案，并经建设（监理）单位认可后进行处理。

3）建筑物垂直度、标高观测记录填写时要写清如下内容。

① 施工阶段。

② 观测说明：采用仪器类型、观测点位布置、观测时间的确定等均应说明。

③ 观测示意图：按实际建筑物轮廓画示意图，标注观测点位置。

④ 观测结果：可将观测的数值填上。

⑤ 结论：根据观测的数值下结论。

⑥ 签字栏中专业技术负责人为项目总工，质量检查员为现场质检员。

⑦“施工单位”一栏按“谁施工填谁”这一原则执行。

（7）沉降观测记录

1）根据设计要求和规范规定，凡需进行沉降观测的工程，应由建设单位委托有资质的测量单位进行施工过程中及竣工后的沉降观测工作。

2）测量单位应按设计要求和规范规定，或监理单位批准的观测方案，设置沉降观测点，绘制沉降观测点布置图，定期进行沉降观测记录，并应附沉降观测点的沉降量与时间、荷载关系曲线图和沉降观测技术报告。观测点的设置及观测方法应符合《建筑工程施工测量规程》。

3）属于下列情况之一者应进行沉降观测。

① 重要的工业与民用建筑物。

② 20 层以上的高层建筑物。

③ 造型复杂的 14 层以上的高层建筑物。

④ 对地基变形有特殊要求的建筑物。

⑤ 单桩承受荷载在 4000kN 以上的建筑物。

⑥ 使用灌柱桩基础而设计与施工人员经验不足的建筑物。

⑦ 因施工使用或科研要求进行沉降观测的建筑物。

4）沉降观测点的布设位置要求。沉降观测点的布设位置主要由设计单位确定，施工单位埋设，应符合以下要求。

① 布置在变形明显而又有代表性的部位。

② 稳固可靠，便于保存，不影响施工及建筑物的使用和美观。

③ 避开暖气管、落水管、窗台、配电盘及临时构筑物。

④ 承重墙可沿墙的长度每隔 8 ~ 12m 设置一个观测点，在转角处、纵横墙连接处、沉降缝两侧也应设置观测点。

⑤ 框架结构建筑物应在桩基上设置观测点。

⑥ 观测点的埋设应符合《建筑工程施工测量规程》中关于“沉降观测点的埋设”的要求。

⑦ 高耸构筑物，如电视塔、烟囱、水塔、大型储藏罐等构筑物的沉降观测点应布置在轴线对称部位，每个构筑物应不少于 4 个观测点。

课题5　施工物资资料

1. 施工物资资料的内容及要求

1）施工物资资料主要指工程所用物资的质量和性能指标等的各种证明文件和相关文件，如质量合格证、使用说明书、安装维修文件等。工程物资主要包括建筑材料、成品、半成品、构配件、门窗、器具设备等。

2）质量证明文件一般应为原件。有时不能取得原件的，可以使用有效的复印件；有效的复印件是指复印件应与原件内容一致，加盖原件存放单位公章，注明原件存放处，并有经办人签字和时间。

3）建筑工程所使用的物资应有进场检验记录。

4）涉及安全、功能的有关物资应按工程施工质量验收规范及相关规定进行复试，有相应试（检）验报告；按规定需要见证取样和送检的应有见证记录。

5）涉及结构安全和使用功能的材料需要代换且改变了原设计要求时，应有设计单位签署的认可文件。

6）涉及安全、卫生、环保的物资（如压力容器、消防设备、生活供水设备、卫生洁具等）应有具备相应资质等级检测单位的检测报告。

7）新材料、新产品应有由具备鉴定资格的单位或部门出具的鉴定证书，同时具有产品质量标准和试验要求，使用前应按其质量标准和试验要求进行试验或检验。新材料、新产品还应提供安装、维修、使用和工艺标准等相关技术文件。

8）除国家认证委员会公布的强制性认证（CCC）产品外，其他的进口材料和设备等应有商检证明和中文版的质量证明文件、性能检测报告以及中文版的安装、维修、使用、试验要求等技术文件。

2. 施工物资资料分级管理

有些工程物资（如钢筋、预拌混凝土、预制构件等）需要由加工厂预先进行加工后，再进入施工现场使用。对于这种情况，所使用的物资资料就需要各方分别负责进行管理。北京市将这种“分别管理”的职责称之为物资资料的“分级管理”。

物资资料分级管理的主要要求如下。

(1) 各单位的分级管理职责　供应单位或加工单位负责收集、整理和保存所供物资原材料的质量证明文件，施工单位则需收集、整理和保存供应单位或加工单位提供的质量证明文件和进场后进行的试（检）验报告。各单位应对各自范围内工程资料的汇集、整理结果负责，并保证工程资料的可追溯性。工程资料的可追溯性简单地说就是一件事发生的来龙去脉要清楚，以方便检查。如混凝土生产单位要向施工单位出具混凝土出厂合格证，水泥、砂、石、外加剂的生产厂家要向混凝土生产单位出具水泥的合格证。

(2) 钢筋、预拌混凝土、预制构件资料分级管理的具体要求

1）钢筋资料的分级管理。钢筋加工采用场外委托加工形式时，加工单位应保存钢筋的原材料出厂质量证明、复试报告、接头连接试验报告等资料，并保证资料的可追溯性；

加工单位必须向施工单位提供半成品钢筋出厂合格证，半成品钢筋进场后施工单位还应进行外观质量检查，如对质量产生怀疑或有其他约定时可进行力学性能和工艺性能的抽样复试。

2）预拌混凝土资料的分级管理。

① 预拌混凝土供应单位必须向施工单位提供以下资料。

ⅰ）配合比通知单。

ⅱ）预拌混凝土运输单。

ⅲ）预拌混凝土出厂合格证（32天内提供）。

ⅳ）混凝土氯化物和碱总量计算书。

② 预拌混凝土供应单位除向施工单位提供上述资料外，还应保证以下资料的可追溯性：试配记录、水泥出厂合格证和试（检）验报告、砂试验报告、碎（卵）石试验报告、轻集料试（检）验报告、外加剂和掺合料产品合格证和试（检）验报告、开盘鉴定、混凝土抗压强度报告（出厂检验混凝土强度值应填入预拌混凝土出厂合格证）、抗渗试验报告（试验结果应填入预拌混凝土出厂合格证）、混凝土坍落度测试记录（搅拌站测试记录）和原材料有害物含量检测报告。

③ 施工单位应形成以下资料：混凝土浇灌申请书、混凝土抗压强度报告（现场检验）、抗渗试验报告（现场检验）和混凝土试块强度统计、评定记录。

采用现场搅拌混凝土生产方式的，施工单位应收集、整理上述资料中除预拌混凝土出厂合格证、预拌混凝土运输单之外的所有资料。

3）预制构件资料的分级管理。施工单位使用预制构件时，预制构件加工单位应保存各种原材料（如钢筋、预应力钢筋、木材、混凝土组成材料等）的质量合格证明、复试报告等资料以及混凝土、钢构件、木构件的性能试验报告和有害物含量检测报告等资料，并应保证各种资料的可追溯性；施工单位必须保存加工单位提供的预制混凝土构件出厂合格证、钢构件出厂合格证、其他构件合格证和进场后的试（检）验报告。

[能力训练] 假设某钢筋混凝土工程，钢筋采用现场绑扎形式，混凝土采用商品混凝土，预制构件直接从厂家购买。3位同学为一组，分别扮演供应单位、施工单位试验员和施工单位资料员的角色，对该工程的施工物资资料进行妥善提供、整理、保存。

训练思考：什么是施工物资资料的可追溯性？如何保证相关资料的可追溯性？

3. 工程物资进场报验表

1）工程物资进场后，施工单位应进行检查（外观、数量及质量证明文件等），自检合格后填写工程物资进场报验表（见表1-3），报请监理单位验收。

2）施工单位和监理单位应约定涉及结构安全、使用功能、建筑外观、环保要求的主要物资的进场报验范围和要求。

3）物资进场报验须附资料应根据具体情况（合同、规范、施工方案等要求）由施工单位和物资供应单位预先协商确定。

4）工程物资进场报验应有时限要求，施工单位和监理单位均须按照施工合同的约定完成各自的报送和审批工作。

表 1-3　工程物资进场报验表

<table>
<tr><td colspan="4">工程物资进场报验表（A4 监）</td><td>编号</td><td></td></tr>
<tr><td>工程名称</td><td colspan="3"></td><td>日期</td><td></td></tr>
<tr><td colspan="6">现报上关于____________________工程的物资进场检验记录，该批物资经我方检验符合设计、规范及合约要求，请予以批准使用。</td></tr>
<tr><td>物资名称</td><td>主要规格</td><td>单位</td><td>数量</td><td>选样报审表编号</td><td>使用部位</td></tr>
<tr><td></td><td></td><td></td><td></td><td></td><td></td></tr>
<tr><td></td><td></td><td></td><td></td><td></td><td></td></tr>
<tr><td></td><td></td><td></td><td></td><td></td><td></td></tr>
<tr><td></td><td></td><td></td><td></td><td></td><td></td></tr>
<tr><td colspan="6">附件：
1. □出厂合格证　__________页
2. □厂家质量检验报告　__________页
3. □厂家质量保证书　__________页
4. □商检证　__________页
5. □进场检验记录　__________页
6. □进场复试报告　__________页
7. □备案情况　__________页
8. □　__________页
申报单位名称：　　申报人（签字）：</td></tr>
<tr><td colspan="6">施工单位检查意见：
□有/□无附页
施工单位名称：　　技术负责人（签字）：　　审核日期：</td></tr>
<tr><td colspan="6">验收意见：
审定结论：　□同意　□补报资料　□重新检验　□退场
监理单位名称：　　监理工程师（签字）：　　验收日期：</td></tr>
</table>

注：本表由施工单位填报，建设单位、监理单位、施工单位各存一份。

4. 材料、构配件进场检验记录

材料、构配件进场检验记录如附录 A 表 A-14（组卷编号 C4-1）所示。

1）材料、构配件进场后，应由建设单位、监理单位会同施工单位对进场物资进行检查验收，填写材料、构配件进场检验记录。主要检验内容包括：

① 物资出厂质量证明文件及检测报告是否齐全。

② 实际进场物资数量、规格和型号等是否满足设计和施工计划要求。

③ 物资外观质量是否满足设计要求或规范规定。

④ 规定须抽检的材料、构配件是否及时抽检等。

2）按规定应进场复试的工程物资，必须在进场检查验收合格后取样复试。主要物资的取样和试验项目参考附录 B。

3）凡按规定要求进场复试的物资，应有材料试验报告，试验报告由试验室提供。表格样式如附录 A 表 A-15 ~ A-30 所示。

课题6 施工记录

1. 施工记录的内容

施工记录是在施工过程中形成的确保工程质量、安全的各种检查、记录的统称。主要包括隐蔽工程检查记录、预检记录、交接检查记录，基坑支护变形监测记录、桩基施工记录、地基验槽检查记录、地基处理记录、地基钎探记录（应附钎探平面图），混凝土浇灌申请书、预拌混凝土运输单、混凝土开盘鉴定、混凝土拆模申请单、混凝土搅拌测温记录、混凝土养护测温记录（应附图）、大体积混凝土养护测温记录（应附图），构件吊装记录，焊接材料烘焙记录，地下工程防水效果检查记录、防水工程试水检查记录。

2. 施工记录的填写要求

（1）隐蔽工程检查记录　见附录 A 表 A-31（组卷编号 C5-1）。

1）隐蔽工程的概念。隐蔽工程是指上道工序完成后，将被下道工序掩埋覆盖，而无法再进行质量检查的工程。隐检就是对隐蔽工程进行检查。隐检时要通过表格的形式将工程隐检项目的隐检内容、质量情况、检查意见、复查意见等记录下来，作为以后建筑工程的维护、改造、扩建等的重要技术资料。隐检合格后方可进行下道工序施工。

在国家验收规范中，“验收”与“检查”在概念上明显不同。“验收”不能由施工单位自己单方面进行，必须有施工单位之外的监理或建设单位参加，是一种具有公证性的确认或认可，而“检查”则可以仅由施工单位自己单方面进行。

按照《建筑工程施工质量验收统一标准》（GB 50300—2001）的规定，隐检实际上应当属于隐蔽工程验收的范畴，但是长期以来人们习惯称为“隐检”。为了尊重习惯，《北京市建筑工程资料管理规程》仍将隐检列入施工记录类工程资料，本书也是如此。

2）隐检与检验批验收的关系。弄清隐检与检验批验收的关系非常重要，否则容易造成工程资料管理的混乱。就其实质说来，隐检与检验批验收都是对受检对象的一种验收。

检验批验收是所有验收的最基本层次，所有其他层次（分项、分部、单位工程等）

的验收都是建立在检验批验收基础上的，工程的所有部位、工序都应归入某个检验批验收，不应遗漏。而隐蔽工程验收则仅仅针对将被隐蔽的工程部位作出验收。施工中隐蔽工程虽然很多，但一个建筑工程，毕竟还有大量非隐蔽部位。因此，两者并不相同，隐检与检验批验收应分别进行。

在施工中，隐检验收与检验批验收的关系，可以有在检验批验收之前、之后和同时三种不同情况。

① 在检验批验收之前进行的隐蔽工程验收。这种情况主要针对某些工作量相对较小的部位或施工做法、处理措施等。如抹灰的不同基层交接部位加强措施、桩孔、基槽槽底的清理、胡子筋处理、被隐蔽的重要节点做法、被隐蔽的螺栓紧固、被隐蔽的预埋件防腐阻燃处理等。这些工作量相对较小的部位或施工做法、处理措施，不宜作为一个检验批来验收，施工中将其列为隐蔽工程验收。

② 在检验批验收之后进行的隐蔽工程验收。这种情况主要针对某些工作量相对较大的工程部位，如分部、子分部工程等。这些工作量相对较大的工程部位往往作为一个整体，需要同时进行隐蔽，这时可能有若干个检验批已经验收合格。按照国家验收规范规定，这些工程部位在整体隐蔽之前，需作隐蔽工程验收。如整个地基基础的隐蔽验收、主体结构验收（进入装饰装修施工将隐蔽主体结构）等，显然是在检验批验收之后进行。

③ 与检验批验收内容相同的隐蔽工程验收。当隐蔽工程验收针对的部位已经被列为检验批进行验收时，隐蔽工程验收就与检验批验收具有同样的验收内容，此时隐蔽工程验收可以与检验批验收合并进行。亦即按照检验批验收的要求进行，使用检验批验收单来代替隐蔽工程验收单，不必再重复进行隐蔽工程验收。这种情况，常见于钢筋安装的验收，屋面保温层验收，各种防水层、找平层验收等。

分清上述三种情况，弄清隐蔽工程验收与检验批验收的关系，将有利于对施工技术资料的管理。

3）隐蔽工程检查程序。隐蔽工程检查是保证工程质量与安全的重要过程控制检查，应分专业（土建专业、给排水专业、电气专业、通风空调专业等）、分系统（给水系统、排水系统等）、分区段（划分的施工流水段）、分部位（主体结构、装饰装修等）、分工序（钢筋工程、防水工程等）、分层进行。

隐蔽工程施工完毕后，由专业工长填写隐检记录单，项目技术负责人组织由监理单位、施工单位专业工长、质量检查员共同参加。验收后由监理单位签署审核意见，并签定审核结论。若检查存在问题，则在审核结论中给予明示。对存在的问题，必须按处理意见进行处理，处理后对该项进行复查，并将复查结论填入栏内。凡未经过隐蔽工程验收或验收不合格的工程，不得进入下道工序施工。

4）隐蔽工程检查记录的填写要求。

① 工程名称：与施工图样中图签一致。

② 隐检项目：按实际检查项目填写。要按独立项目分别填写，不要把几个隐检项目统写在一张隐检记录上。

③ 隐检部位：按实际检查部位填写。

④ 检查时间：按实际检查时间填写。

⑤ 隐检依据：施工图样、设计变更、工程洽商及相关的施工质量验收规范、规程。本工程的施工组织设计、施工方案和技术交底等。

⑥ 主要材料或设备：按实际发生材料、设备项目填写，各主要材料规格型号要表述清楚。

⑦ 隐检记录编号：按专业工程分类编码填写，按组卷要求进行组卷。

⑧ 隐检内容：应将隐检的项目、具体内容描述清楚。需要提供主要原材料的复试报告单编号、主要连接件的复试报告单编号、主要施工方法。若文字不能将这些内容表述清楚，可用示意简图进行说明。

⑨ 检查意见：检查意见要明确，隐检的内容是否符合要求要描述清楚。然后给出检查结论，根据检查情况在相应的结论框中画钩。在隐检中一次验收未通过的要注明质量问题，并提出复查要求。

⑩ 复查结论：此栏主要针对一次验收出现的问题进行复查，因此要对质量问题改正的情况描述清楚。在复查中仍出现不合格项，按不合格品处置。

⑪ 隐蔽工程检查记录表由施工单位填报，其中检查意见、复查结论由监理单位填写。

⑫ 隐检表格应用计算机打印，手写签名，各方签字后生效。

⑬ 隐蔽工程检查记录为通用施工记录，适用于各专业。按规范规定须进行隐检的项目，施工单位应填报隐蔽工程检查记录。

5）主要隐检项目及内容。

① 地基基础工程与主体结构工程隐检。

ⅰ）土方工程：基槽、房心回填前检查基底清理、基底标高情况等。

ⅱ）支护工程：检查锚杆、土钉的品种、规格、数量、位置、插入长度、钻孔直径、深度和角度等；检查地下连续墙的成槽宽度、深度、垂直度，钢筋笼规格、位置、槽底清理、沉渣厚度等。

ⅲ）桩基工程：检查钢筋笼规格、尺寸、沉渣厚度、清孔情况等。

ⅳ）地下防水工程：检查混凝土变形缝、施工缝、后浇带、穿墙套管、埋设件等设置的形式和构造，人防出口止水做法，防水层基层、防水材料规格、厚度、铺设方式、阴阳角处理、搭接密封处理等。

ⅴ）结构工程（基础、主体）：检查钢筋品种、规格、数量、位置、锚固位置、搭接长度、保护层厚度和除锈、除污情况，钢筋代用变更及胡子筋处理等；检查钢筋连接形式、接头位置、数量及焊条、焊剂、坡口形式、焊缝长度、厚度及表面清渣和连接质量等。

ⅵ）预应力工程：检查预留孔道的规格、数量、位置、形状、端部预埋垫板，预应力筋下料长度、切断方法、竖向位置偏差、固定、护套的完整性，锚具、夹具、连接点组装等。

ⅶ）钢结构工程：检查地脚螺栓规格、数量、位置、埋设方法、紧固等。

ⅷ）外墙内、外保温构造节点做法。

② 建筑装饰装修工程隐检。

ⅰ）地面工程：检查各基层（垫层、找平层、隔离层、防水层、填充层、地龙骨）材料品种、规格、铺设厚度、方式、坡度、标高、表面情况、密封处理、粘结情况等。

ⅱ）抹灰工程：具有加强措施的抹灰应检查其加强构造的材料规格、铺设、固定、搭接等。

ⅲ）门窗工程：检查预埋件和锚固件、螺栓等的规格、数量、位置、间距、埋设方式、与框的连接方式、防腐处理、缝隙的嵌填、密封材料的粘结等。

ⅳ）吊顶工程：检查吊顶龙骨及吊件材质、规格、间距、连接方式、固定方法、表面防火处理、表面防腐处理、外观情况、接缝和边缝情况、填充和吸声材料的品种、规格、铺设、固定情况等。

ⅴ）轻质隔墙工程：检查预埋件、连接件、拉结筋的规格、位置、数量、连接方式、与周边墙体及顶棚的连接、龙骨连接、间距、防火处理、防腐处理、填充材料设置等。

ⅵ）饰面板（砖）工程：检查预埋件、后置埋件、连接件规格、数量、位置、连接方式、防腐处理等；有防水构造的部位应检查找平层、防水层的构造做法。

ⅶ）幕墙工程：检查构件之间以及构件与主体结构的连接节点的安装及防腐处理，幕墙四周、幕墙与主体结构之间间隙节点的处理、封口的安装，幕墙伸缩缝、沉降缝、防震缝及墙面转角节点的安装，幕墙防雷接地节点的安装等。

ⅷ）细部工程：检查预埋件、后置埋件和连接件的规格、数量、位置、连接方式、防腐处理等。

③ 建筑屋面工程隐检。检查基层、找平层、保温层、防水层、隔离层材料的品种、规格、厚度、铺贴方式、搭接宽度、接缝处理、粘结情况，附加层、天沟、檐沟、泛水和变形缝细部做法、隔离层设置、密封部位处理等。

④ 建筑给水、排水及采暖工程的隐检。

ⅰ）直埋于地下或结构中，暗敷设于沟槽、管井、不进人吊顶内的给水、排水、雨水、采暖、消防管道和相关设备，以及有防水要求的套管：检查管材、管件、阀门、设备的材质与型号、安装位置、标高、坡度，防水套管的定位及尺寸，管道连接作法及质量，附件使用、支架固定，以及是否已按照设计要求及施工规范规定完成强度严密性、冲洗等试验。

ⅱ）有绝热、防腐要求的给水、排水、采暖、消防、喷淋管道和相关设备：检查绝热方式、绝热材料的材质与规格、绝热管道与支吊架之间的防结露措施、防腐处理材料及做法等。

ⅲ）埋地的采暖、热水管道，在保温层、保护层完成后，所在部位进行回填之前，应进行隐检：检查安装位置、标高、坡度，支架做法，保温层、保护层设置等。

⑤ 建筑电气工程隐检。

ⅰ）埋于结构内的各种电线导管：检查导管的品种、规格、位置、弯扁度、弯曲半径、连接、跨接地线、防腐、管盒固定、管口处理、敷设情况、保护层、需焊接部位的焊接质量等。

ⅱ）利用结构钢筋做的避雷引下线：检查轴线位置，钢筋数量、规格、搭接长度、焊接质量，钢筋与接地极、避雷网、均压环等连接点的焊接情况等。

ⅲ）等电位及均压环暗埋：检查使用材料的品种、规格、安装位置、连接方法、连接质量、保护层厚度等。

ⅳ）接地极装置埋设：检查接地极的位置、间距、数量、材质、埋深、接地极的连接方法、连接质量、防腐情况等。

ⅴ）金属门窗、幕墙与避雷引下线的连接：检查连接材料的品种、规格、连接位置和数量、连接方法和质量等。

ⅵ）不进人吊顶内的电线导管：检查导管的品种、规格、位置、弯扁度、弯曲半径、连接情况、跨接地线、防腐处理，需焊接部位的焊接质量、管盒固定、管口处理、固定方法、固定间距等。

ⅶ）不进人吊顶内的线槽：检查材料品种、规格、位置、连接、接地、防腐、固定方法、固定间距及与其他管线的位置关系等。

ⅷ）直埋电缆：检查电缆的品种、规格、埋设方法、埋深、弯曲半径、标桩埋设情况等。

ⅸ）不进人的电缆沟敷设电缆：检查电缆的品种、规格、弯曲半径、固定方法、固定间距、标识情况等。

⑥ 通风与空调工程隐检。

ⅰ）敷设于竖井内、不进人吊顶内的风道（包括各类附件、部件、设备等)：检查风道的标高、材质，接头、接口严密性，附件、部件安装位置，支、吊、托架安装、固定情况，活动部件是否灵活可靠、方向正确，风道分支、变径处理是否合理、是否符合要求，是否已按照设计要求及施工规范规定完成风管的漏光、漏风检测、空调水管道的强度严密性、冲洗等试验。

ⅱ）有绝热、防腐要求的风管、空调水管及设备：检查绝热形式与做法，绝热材料的材质和规格，防腐处理材料及做法。一般情况下，绝热管道与支吊架之间应垫以绝热衬垫或经防腐处理的木衬垫，其厚度应与绝热层厚度相同，表面平整，衬垫接合面的空隙应填实，也要对此情况进行检查。

⑦ 电梯工程隐检。检查电梯承重梁、起重吊环埋设，电梯钢丝绳头灌注，电梯井道内导轨、层门的支架、螺栓埋设等。

⑧ 智能建筑工程隐检。

ⅰ）埋在结构内的各种电线导管：检查导管的品种、规格、位置、弯扁度、弯曲半径、连接情况、跨接地线、防腐处理，需焊接部位的焊接质量、管盒固定、管口处理、敷设情况、保护层等。

ⅱ）不进人吊顶内的电线导管：检查导管的品种、规格、位置、弯扁度、弯曲半径、连接情况、跨接地线、防腐处理，需焊接部位的焊接质量、管盒固定、管口处理、固定方法、固定间距等。

ⅲ）不进人吊顶内的线槽：检查其品种、规格、位置、连接、接地、防腐、固定方法、固定间距等。

ⅳ）直埋电缆：检查电缆的品种、规格、埋设方法、埋深、弯曲半径、标桩埋设情况等。

v）不进人的电缆沟敷设电缆：检查电缆的品种、规格、弯曲半径、固定方法、固定间距、标识情况等。

[能力训练] 某三层钢筋混凝土框架结构，施工图样图签中的工程名称为电子小区2号裙楼工程，基础为独立柱基，甲施工单位依据资质承担了该项工程的地基基础和主体结构施工工作，请列举在甲施工单位工程范围内的主要隐检项目，并以其中的2段1轴基础梁钢筋绑扎项目为例，填写表A-31。

训练思考：隐检记录至少应有几份？

(2) 预检记录　见附录A表A-32（组卷编号C5-2）。

1）预检的概念。预检是对施工重要工序进行的预先质量控制检查，合格后方可进入下道工序。预检是预防质量事故发生的有效途径，使质量偏差在过程中得到纠正。预检记录为通用施工记录，适用于各专业。

2）预检的程序。需要进行预检的分项工程完成后，由专业工长填写预检记录，项目技术负责人组织，项目质量检查员、专业工长及班组长参加验收并将检查意见填入栏内。如检查中发现问题，施工班组进行整改后，再对本分项工程进行复验，将复查意见填入复查意见栏中。未经预检或预检未达到合格标准的不得进入下道工序施工。

3）预检记录检查表格的填写要求。

① 工程名称：与施工图样中图签一致。

② 预检项目：按实际检查项目填写。要按独立项目分别填写，不要把几个预检项目统写在一张预检表格上。

③ 预检部位：按实际检查部位填写。

④ 检查日期：按实际检查时间填写。

⑤ 预检依据：施工图样、设计变更、工程洽商及相关的施工质量验收规范、规程，本工程的施工组织设计、施工方案技术交底等。

⑥ 主要材料或设备：按实际发生材料、设备项目填写，各规格型号要表述清楚。

⑦ 预检记录编号：按专业工程分类编码填写，按组卷要求进行组卷。

⑧ 预检内容：应将预检的项目、具体内容描述清楚。

⑨ 检查意见：检查意见要明确。在预检中一次验收未通过的要注明质量问题，并提出复验要求。

⑩ 复查意见：此栏主要是针对第一次验收的问题进行复查，因此要对质量问题改正的情况描述清楚。在复查中仍出现不合格项，按不合格品处置。

预检表格应用计算机打印，手写签名。表格由施工单位保存。

4）主要预检项目及内容。

① 模板：检查几何尺寸、轴线、标高、预埋件及预留孔位置、模板牢固性、接缝严密性、起拱情况、清扫口留置、模内清理、脱模剂涂刷、止水要求等；节点做法，放样检查。

② 设备基础和预制构件安装：检查设备基础位置、混凝土强度、标高、几何尺寸、预留孔、预埋件等。

③ 地上混凝土结构施工缝：检查留置方法、位置、接槎处理等。

④ 管道预留孔洞：检查预留孔洞的尺寸、位置、标高等。

⑤ 管道预埋套管（预埋件）：检查预埋套管（预埋件）的规格、形式、尺寸、位置、标高等。

⑥ 机电各系统的明装管道（包括进人吊顶内的管道）、设备安装：检查位置、标高、坡度、材质、防腐处理、接口方式、支架形式、固定方式等。

⑦ 电气明配管（包括进人吊顶内）：检查导管的品种、规格、位置、连接情况、弯扁度、弯曲半径、跨接地线、焊接质量、固定情况、防腐情况、外观处理等。

⑧ 明装线槽、桥架、母线（包括进人吊顶内的线槽、桥架、母线）：检查材料的品种、规格、位置、连接情况、接地、防腐处理、固定方法、固定间距等。

⑨ 明装等电位连接：检查连接导线的品种、规格、连接配件、连接方法等。

⑩ 屋顶明装避雷带：检查材料的品种、规格、连接方法、焊接质量、固定、防腐情况等。

⑪ 变配电装置：检查配电箱、柜基础槽钢的规格、安装位置、水平与垂直度、接地的连接质量；配电箱、柜的水平与垂直度；高低压电源进出口方向、电缆位置等。

⑫ 机电表面器具（包括开关、插座、灯具、风口、卫生器具等）：检查位置、标高、规格、型号、外观效果等。

⑬ 依据现行施工规范，对于其他涉及工程结构安全、实体质量及建筑观感、需做质量预控的重要工序，应填写预检记录。

[能力训练] 假设某三层三跨钢筋混凝土框架结构，现施工项目部需要对一层C轴与2轴交接处的柱模板外形尺寸进行预检，施工图样会签栏中该工程名称为“电子小区2号裙楼工程”，施工单位为金辉建设工程有限公司，3位同学为一组，分别扮演不同角色演绎该预检过程并填写表A-32。

训练思考：列举该工程还有哪些项目需要进行预检？工程预检有何作用？

(3) 交接检查记录 见附录A表A-34（组卷编号C5-4）。

相关专业工程和不同施工单位之间的工程交接应填写交接检查记录。当前一专业工程施工质量对后续专业工程施工产生直接影响时，必须进行专业交接检查记录。

1）需要填写交接检查记录的主要情况。

① 某一工序完成后，移交下道工序时（如：防水专业队完成地下防水工程后移交给土建施工单位继续施工，总承包单位完成粗装修后移交给精装修单位施工）。

② 某一分项（分部）工程完成后，由一个施工单位向另一个施工单位进行移交（如：支护与桩基分项工程完工后移交给土建施工单位进行结构施工，土建结构分部工程施工完成后移交给幕墙施工单位进行幕墙施工）。

③ 工程施工未完，施工单位变换，则前任施工单位要向后任施工单位办理交接检查手续。移交单位、接收单位和见证单位共同对移交工程进行验收并对质量、工序要求、遗留问题、成品保护、注意事项等情况进行记录。

2）交接检查记录表格的填写要求。

① 本表由移交单位形成，其中交接内容由移交单位填写，检查结果由接收单位填写，复查意见由见证单位填写。

② 见证单位意见是指见证单位汇总移交单位和接收单位意见而形成的仲裁意见。

③ 由移交单位、接收单位和见证单位三方共同签认的交接检查记录方可生效。

(4) 地基验槽检查记录　见附录 A 表 A-35（组卷编号 C5-5）。

地基验槽是所有新建工程必不可少的一项重要工作，它关系到地基承载力、建筑物下沉倾斜等一系列结构安全问题。地基验槽检查记录应由建设、勘察、设计、监理和施工单位共同验收签认。地基需处理时，应由勘察、设计单位提出处理意见。

1）地基验槽的内容。

① 核对基坑的位置、平面尺寸、基底标高等：均应符合设计文件要求。

② 核对基坑的持力层土质和地下水位情况：应与地质勘察报告相吻合。若地基土与勘察报告不相符，则需由设计单位、勘察单位、施工单位一起进行地基处理洽商。

③ 审查钎探报告：钎探情况中如发现异常，应在备注栏内注明。需进行地基处理时，应将处理范围（平面、竖向）标注在钎探点平面图上，并注明处理依据和意见。

④ 检查基坑底面以下有无空穴、古墓、古井、防空掩体、地下埋设物及其他变异。

⑤ 对深基础，还应检查基坑对附近建筑物、道路、管线是否有影响。

⑥ 对预制桩基，还要检查试桩记录和预制桩质量检验报告：每根预制桩均应有完整的贯入度记录、锤击数、桩位图及桩的编号、截面尺寸、长度、入土深度、桩位编号等。

2）地基验槽检查记录填写要求。

① 工程名称：与施工图样中图签一致。

② 验槽日期：按实际检查时间填写。

③ 验槽部位：按实际检查部位填写。若分段则要按轴线标注清楚。

④ 检查依据：施工图样、设计变更、工程洽商及相关的施工质量验收规范、规程，本工程的施工组织设计、施工方案技术交底等。

⑤ 验槽内容：注明地质勘查报告编号，基槽标高、断面尺寸，必要时可附断面简图示意。注明土质情况，附上钎探记录和钎探点平面布置图，在钎探图上用红蓝铅笔标注软弱土、硬土情况。若采用桩基还应说明桩的类型、数量等，附上桩基施工记录、桩基检测报告等。

⑥ 检查意见：检查意见要明确，验槽的内容是否符合要求要描述清楚。然后给出检查结论，根据检查情况在相应的结论框中划勾。在检查中一次验收未通过的要注明质量问题，并提出具体的地基处理意见。

⑦ 需要进行地基处理的基槽，还需再办理一次地基验槽，在验槽内容栏，要将地基处理的洽商编号写上，并将基体的处理方法等描述清楚。

⑧ 地基验槽检查记录表由施工单位填报，其中检查意见、检查结论由勘察单位和监理单位两家共同填写。

地基验槽检查记录表格应用计算机打印，手写签名，各方签字后方能生效。

地基验槽记录是施工中重要的记录，必须妥善保存，施工单位、建设单位、城建档案馆各保存一份。

[**能力训练**] 某工程基础形式采用箱形基础，设计要求基坑开挖尺寸为 9m×10m，基底相对标高 -7.0m，金辉建设工程有限公司按设计图样的要求开挖了该基坑，开挖后经

钎探发现地基持力层承载力与地下水位位置均与勘察图样一致，并且经检验发现该基坑开挖未对相邻建筑物及地面沉降产生明显影响。请将上述已知条件填入表A-35中。

训练思考：地基验槽记录至少应有几份？

(5) 地基处理记录　见附录A表A-36（组卷编号C5-6）。

地基处理文件一般包括地基处理方案、地基处理的施工记录、地基处理记录。处理的结果应符合加固原理、技术要求、质量标准等。

1）地基处理方案。基槽挖至设计标高，经勘察单位、设计单位、建设（监理）单位、施工单位共同验槽，对实际地基与地质勘察报告不相符或不符合设计要求的基槽，需要拟定处理方案及措施并办理全过程洽商。

地基处理方案中应有工程名称、验槽时间、钎探记录分析，并标注清楚需要处理的部位，写明需处理的实际情况、具体方法及是否达到设计和规范要求，最后必须经设计、勘察人员签认。

2）地基处理的施工记录。

① 灰土、砂、砂石三合土地基。应有土质量干密度或贯入度试验记录，并应做击实试验，提出最大干密度、最佳含水率及根据密实度的要求提供最小干密度的控制指标。对于一般小型工程又无击实试验条件的单位，最大干密度可按施工规范计算。用贯入仪、钢筋或钢叉等获得的实测贯入度大小不应低于通过试验所确定的最大贯入度数值。混凝土地基应按规定取试块，并做好强度试验记录。

② 重锤夯实地基。应有试夯报告及最后下沉量和总下沉量记录。

ⅰ）试夯后，分别测定和比较坑底以下2.5m深度内，每隔0.25m深度处，夯实土与原状土的密实度，其试夯密实度必须达到设计要求。应按试夯报告确定的技术参数，对照检查最后实际下沉量和总下沉量，实际总下沉量不少于试夯确定的总下沉量的90%。

ⅱ）试夯结束后应做试夯报告及试夯记录。

ⅲ）在夯实工程中，应做好重锤夯实施工记录。

③ 强夯地基。应对锤重、间距、夯击点布置及夯击次数做好记录。

ⅰ）锤重：常用夯锤重为10～25t，最大夯锤重为40t。

ⅱ）间距：第一遍夯击点间距一般为5～9m，以后各遍夯击点间距可与第一遍相同，也可适当减小。对处理深度较深或单击能力较大的工程，第一遍夯击点间距宜适当增大。

ⅲ）夯击点布置：夯击点的位置可根据建筑结构类型进行布置。对于基础面积较大的建筑物或构筑物，可按等边三角形或正方形布置夯点；对于办公楼、住宅建筑等，可根据承重墙位置设置夯击点，一般可采用等腰三角形布置夯点，这样可保证横向承重墙以及纵墙和横墙交接处墙基下均有夯击点；对于工业厂房可按柱网布置夯击点。

ⅳ）夯击次数：夯击次数应通过现场试夯确定，以夯坑的压缩量最大、夯坑周围隆起量最小为原则，可根据现场试夯得到的锤击数和夯沉量关系曲线确定，但要满足最后两击的平均夯沉量不大于50mm，当夯击能力较大时不大于100mm，且夯坑周围地面不发生过大隆起。

3）地基处理记录。地基处理记录主要包括地基处理方式、处理部位及深度、处理结果，处理结果应达到设计要求或相应施工规范的规定，技术负责人、质检员、专业工长签字应齐全，并应附上各种试验资料和相关记录。地基验槽后发现问题，施工单位应依据勘察单位、设计单位提出的处理意见进行地基处理，完工后填写地基处理记录，报请勘察单位、设计单位、监理单位复查。

［能力训练］ 某工程在进行验槽之后发现需要对地基进行强夯处理以加强地基承载能力，请列举该地基处理记录中需要附上的试验记录的内容（至少列举4项）。

训练思考：地基处理一般包括什么技术资料？

（6）地基钎探记录　见附录A表A-37（组卷编号C5-7）。

地基钎探记录主要包括钎探点平面布置图和钎探记录。

1）钎探点平面布置图。

① 钎探前项目部技术人员应根据基础平面图，按照规范要求，绘制钎探点平面布置图。钎探点平面布置图应与实际基槽（坑）一致，应标出方向及基槽（坑）各轴线编号，各轴线编号要与基础设计图一致。

② 钎探点的布置依据设计规定，当设计无规定时，应按规范规定执行。

③ 钎探点平面布置图上各点应与现场各钎探点一一对应，不得有误。图上各点应沿槽轴线方向按顺序编号，并将编号注在图上，如图1-1所示。

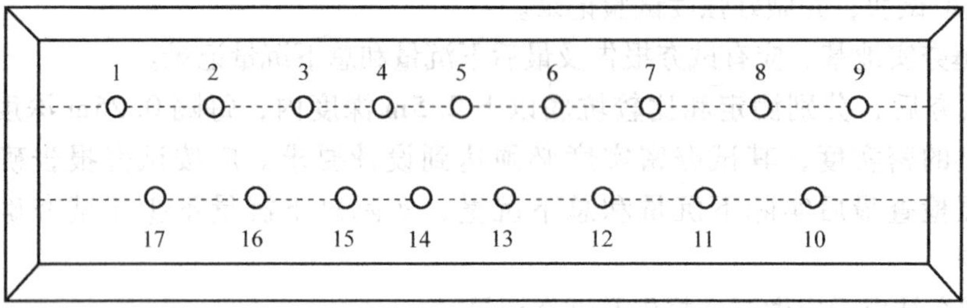

图1-1　钎探点平面布置图

④ 基槽（坑）局部进行处理，应将处理范围标注在钎探点平面布置图中，并应将处理范围（部位、尺寸、标高）、形式、方法（或方案）以洽商形式记录下来（注明洽商号，并与隐检记录、试验报告单、质检记录相一致）。处理过程及取样报告等均一同汇总进入档案。

2）地基钎探记录的填写要求。

① 专业工长负责钎探的实施，并做好原始记录。钎探记录表中施工单位、工程名称要填写具体，锤重、自由落距、钎径、钎探日期要依据现场情况填写，专业技术负责人、专业工长、记录人的签字要齐全。钎探中若有异常情况，要写在备注栏内。

② 地基钎探记录原则上应有原始记录表，污染严重的可重新抄写，但原始记录仍要原样保存好，附在新件之后。重新抄写的记录数据、文字与原件要一致。

（7）混凝土浇筑申请书　见附录A表A-38（组卷编号C5-8）。

1）混凝土浇筑申请的主要内容。

① 工程名称、浇筑部位及时间。

② 混凝土强度等级。

③ 准备工作情况。

④ 批准意见、批准人。

2）混凝土浇筑申请书的填写要求。

① 应由施工现场工长填写申报，由建设（监理）和技术负责人或质量检查人员批准，每一台班都应填写。

② 表中各项都应根据实际情况填写清楚、齐全，不得有缺项、漏项。

③ 正式浇筑混凝土前，施工单位应检查各项准备工作（如钢筋、模板工程检查；水电预埋检查；材料、设备及其他准备等），逐条完成后，在表中相应部位上打“√”。准备工作核实完备后，方可批准浇筑混凝土。

④ 混凝土浇筑申请书应报请监理单位签字后方可浇筑混凝土。

[能力训练] 某工程施工图样会签栏的工程名称为“电子小区2号裙楼工程”，混凝土工程分成3个施工段，现在2号工段的混凝土工长需要申请2段基础混凝土浇筑（箱形基础，位置为纵向2轴与3轴、横向B轴与C轴之间的位置），混凝土浇筑的准备工作都已完成（钢筋位置确认、模板支设等），请你代替该混凝土工长填写一份混凝土浇筑申请书。

训练思考：该工长应该向谁提交混凝土浇筑申请书？

(8) 预拌混凝土运输单　见附录A表A-39（组卷编号C5-9）。

预拌混凝土供应单位应随车向施工单位提供预拌混凝土运输单，内容包括工程名称、使用部位、供应方量、配合比、坍落度、出站时间、到场时间和施工单位测定的现场实测坍落度等。

(9) 混凝土开盘鉴定　见附录A表A-40（组卷编号C5-10）。

工程中使用的混凝土包括预拌混凝土和现场搅拌混凝土两种，这两种混凝土的开盘鉴定方法有所不同。

用于承重结构及抗渗防水工程的预拌混凝土，开盘鉴定是指第一次使用的配合比，在混凝土出厂前由混凝土供应单位自行组织相关人员进行开盘鉴定。

采用现场搅拌混凝土的，应由施工单位组织监理单位、搅拌机组、混凝土试配单位进行开盘鉴定工作，共同认定试验室签发的混凝土配合比与现场施工所用材料相符，混凝土拌合物性能及标养28d的抗压强度结果满足设计要求和施工需要。

1）混凝土开盘鉴定表格主要包括施工单位，工程名称及部位，强度等级、要求坍落度，配合比编号、试配单位、水灰比、砂率，原材料、配合比，计量和搅拌、拌合物坍落度，鉴定结果、试块抗压强度，参加开盘鉴定各单位代表签字或盖章。表中各项都应根据实际情况填写清楚、齐全，不得有缺项、漏项，要有明确的鉴定结果和意见。各部门代表的签字盖章应齐全。

2）坍落度和维勃稠度都是混凝土拌合物稠度指标，坍落度适用于塑性和流动性混凝土拌合物，维勃稠度适用于干硬性拌合物。坍落度和维勃稠度只能填写一个。

3）混凝土所用主要原材料，水泥、砂、石、外加剂等应与配合比中材料吻合，如有变化应调整配合比。

4）混凝土试配配合比应换算为实际使用配合比。

5）混凝土试块抗压强度试压后再填入表中。

（10）混凝土拆模申请单　见附录 A 表 A-41（组卷编号 C5-11）。

现浇混凝土达到一定强度后方可拆模，拆模时按《混凝土结构工程施工质量验收规范》（GB 50204—2002）的要求执行。拆模前，应填写混凝土拆模申请单并附同条件混凝土强度报告，报项目专业技术负责人审批，通过后方可拆模。

（11）混凝土搅拌、养护测温记录　见附录 A 表 A-42、A-43（组卷编号 C5-12、C5-13）。

1）冬季混凝土施工时，应进行搅拌和养护测温记录。

2）混凝土冬施搅拌测温记录应包括大气温度、原材料温度、出罐温度、入模温度等。

3）混凝土冬施养护测温应先绘制测温点布置图，包括测温点的部位、深度等。测温记录应包括大气温度、各测温孔的实测温度、同一时间测得的各测温孔的平均温度和间隔时间等。

4）测温的时间。

① 室外日平均气温连续 5 天低于 5℃ 时起到室外日平均气温连续 5 天高于 5℃ 时止，认为处于冬施阶段，应进行测温，并有测温记录。

② 采用大模板工艺施工和滑模工艺施工的结构工程，由于施工工艺对拆模的要求，当大气平均温度低于 15℃ 转入低温施工时就应开始测温，并有测温记录。

（12）大体积混凝土养护测温记录　见附录 A 表 A-44（组卷编号 C5-14）。

1）大体积混凝土施工应对入模时大气温度、各测温孔温度、内外温差和裂缝进行检查和记录。

2）大体积混凝土养护测温应附测温点布置图，包括测温点的位置、深度等。

（13）构件吊装记录　见附录 A 表 A-45（组卷编号 C5-15）。

预制混凝土构件、大的型钢、木构件吊装应有构件吊装记录，吊装记录内容包括构件名称、安装位置、搁置与搭接长度、接头处理、固定方法、标高检查等。

（14）焊接材料烘焙记录　见附录 A 表 A-46（组卷编号 C5-16）。

按照规范和工艺文件等规定须烘焙的焊接材料应进行烘焙，并填写烘焙记录。烘焙记录内容包括烘焙方法、烘干温度、要求烘干时间、实际烘焙时间和保温要求等。

（15）地下工程防水效果检查记录　见附录 A 表 A-47（组卷编号 C5-17）。

地下工程验收时，应对地下工程有无渗漏现象进行检查，填写地下工程防水效果检查记录，检查内容应包括裂缝、渗漏部位、大小、渗漏情况和处理意见等。发现渗漏现象应制作背水内表面结构工程展开图。

（16）防水工程试水检查记录　见附录 A 表 A-48（组卷编号 C5-18）。

防水工程试水检查内容包括蓄水方式、蓄水时间、蓄水深度、水落口及边缘的封堵情况和有无渗漏现象等。

1）屋面蓄水试验方法及要求。

① 有女儿墙的屋面防水工程，能做蓄水试验的宜做蓄水检验。

② 蓄水试验应在防水层施工完成并验收后进行。

③ 将水落口用球塞堵严密，且不影响试水。

④ 蓄水深度最浅处不应小于20mm。

⑤ 蓄水时间为24h。

2）厕浴间蓄水试验方法及要求。

① 凡厕浴间等有防水要求的房间必须有防水层及安装后蓄水检验记录，卫生洁具安装完后应做100%的二次蓄水试验，质检员检查合格后应签字记录。

② 蓄水时间不少于24h。

③ 蓄水最浅水位不应低于20mm。

3）淋水试验记录。

① 外墙淋水试验方法及要求。

ⅰ）预制外墙板板缝，应有淋水无渗漏试验记录。

ⅱ）预制外墙板板缝淋水数量为每道墙面不少于10%～20%的缝，且不少于一条缝。

ⅲ）试验时在屋槽下竖缝处1.0m宽范围内淋水，应形成水幕。

ⅳ）淋水时间为2h。

ⅴ）试验时气温在+5℃以上。

② 屋面淋水试验方法及要求。

ⅰ）高出屋面的烟道、风道、出气管、女儿墙、出入孔根部防水层上口应做淋水试验。

ⅱ）屋面防水层应进行持续2h淋水试验。

ⅲ）试验时，沿屋脊方向布置与屋脊同长度的花管（钢管直径38mm左右，管上部钻3～5mm的孔，布置两排，孔距80～100mm左右），用有压力的自来水管接通进行淋水（呈人工降水状）。

4）雨季观察记录。冬期施工的工程，应在来年雨季之前补作淋水、蓄水试验，或做好雨季观察记录。记录主要包括：降雨级数、次数、降雨时间、检查结果、检查日期及检查人。

5）不具备蓄水和淋水试验条件的工程的试水检查。

① 对于不具备全部屋面进行蓄水和淋水试验条件的屋面防水工程，除做好雨季观察记录外，对屋面细部、节点的防水应进行局部蓄水和淋水试验。

② 落水口应做蓄水试验，时间不少于2h。

③ 女儿墙、出屋面管道、风（烟）道防水卷材上卷部位等应做淋水试验，时间不少于2h。

（17）通风（烟）道、垃圾道检查记录 见附录A表A-49（组卷编号C5-19）。

建筑通风（烟）道应全数做通（抽）风和漏风、串风试验，要求100%检查，并做检查记录。

（18）支护与桩（地）基工程施工记录

1）基坑支护变形监测记录。在基坑开挖和支护结构使用期间，应以设计指标及要求为依据进行过程监测，如设计无要求，应按规范规定对支护结构进行监测，并做变形监测记录。

2）桩施工记录。桩（地）基施工应按规定做桩施工记录，检查内容包括孔位、孔径、孔深、桩体垂直度、桩顶标高、桩位偏差、桩顶完整性和接桩质量等。桩施工记录应由有相应资质的专业施工单位负责提供。

（19）预应力工程施工记录　预应力工程施工记录应由有相应资质的专业施工单位负责提供。

1）预应力筋张拉记录。预应力筋张拉记录包括两部分，预应力筋张拉记录（一），见附录A表A-50（组卷编号C5-20），其内容包括预应力施工部位、预应力筋规格、平面示意图、张拉程序、应力记录、伸长量等；预应力筋张拉记录（二），即对每根预应力筋的张拉实测值进行记录。

后张法预应力张拉施工应实行见证管理，按规定做见证张拉记录。

2）有粘结预应力结构灌浆记录　见附录A表A-51（组卷编号C5-22）。后张法有粘结预应力筋张拉后应灌浆，并做灌浆记录，记录内容包括灌浆孔状况、水泥浆配比状况、灌浆压力、灌浆量，并有灌浆点简图和编号等。

3）预应力张拉原始施工记录应归档保存。

（20）钢结构工程施工记录　钢结构工程施工记录主要包括构件吊装记录、烘焙记录、钢结构安装施工记录，其中钢结构安装施工记录应由有相应资质的专业施工单位负责提供。

1）构件吊装记录。见附录A表A-45（组卷编号C5-15）。

钢结构吊装应有构件吊装记录，吊装记录内容包括构件名称、安装位置、搁置与搭接长度、接头处理、固定方法、标高等。

2）烘焙记录。见附录A表A-46（组卷编号C5-16）。

焊接材料在使用前，应按规定进行烘焙，有烘焙记录。

3）钢结构安装施工记录。钢结构主要受力构件安装应检查垂直度、侧向弯曲等安装偏差，并做施工记录。钢结构主体结构在形成空间刚度单元并连接固定后，应检查整体垂直度和整体平面弯曲度的安装偏差，并做施工记录。钢网架结构总拼装完成后及屋面工程完成后，应检查挠度值和其他安装偏差，并做施工记录。

（21）木结构工程施工记录　应由有相应资质的专业施工单位负责提供。检查木桁架、梁、柱屋架等构件的制作、安装，检查屋盖横向支撑的完整性等，并做施工记录。

（22）幕墙工程施工记录　应由有相应资质的专业施工单位负责提供。

1）幕墙注胶检查记录。幕墙注胶应做施工检查记录，检查内容包括宽度、厚度、连续性、均匀性、密实度和饱满度等。

2）幕墙淋水检查记录。幕墙工程施工完成后，应在易渗漏部位进行淋水检查，并做淋水检查记录，填写防水工程试水检查记录（附录A表A-48）。

（23）电梯工程施工记录

1）电梯机房、井道的土建施工应满足GB/T 7025—1997《电梯主参数及轿厢、井道、机房的形式与尺寸》的相关规定；自动扶梯、自动人行道的土建施工应满足机房尺寸、提升高度、倾斜角、名义宽度、支承及畅通区尺寸的要求，并应符合 GB 16899—1997《自动扶梯和自动人行道的制造与安装安全规范》的有关规定。

2）施工记录应符合国家规范、标准的有关规定，并满足电梯生产厂家的要求。电梯工程中的安装样板放线、导轨安装、层门安装、驱动主机安装、轿厢组装、悬挂装置安装、对重（平衡重）及补偿装置安装、限速器和缓冲器安装、随行电缆安装等施工记录，应按照相应的国家规范、标准、行业标准及企业标准的有关规定填写相应的表格。

3）液压电梯安装工程应参照 GB 21240—2007《液压电梯制造与安装安全规范》和企业标准的相关要求填写。

课题7 施工试验记录

1. 施工试验记录的内容

（1）建筑与结构工程的施工试验记录

1）回填土施工试验记录：土工击实试验报告，见附录 A 表 A-54（组卷编号 C6-4）；回填土试验报告，见附录 A 表 A-55（组卷编号 C6-5）。

2）钢筋连接施工试验记录：工艺检验和现场检验的钢筋连接试验报告，见附录 A 表 A-56（组卷编号 C6-6）。

3）砌筑砂浆施工试验记录：砂浆配合比申请单和通知单，见附录 A 表 A-57（组卷编号 C6-7）；砂浆抗压强度试验报告，见附录 A 表 A-58（组卷编号 C6-8）；砌筑砂浆试块强度设计、评定记录，见附录 A 表 A-59（组卷编号 C6-9）。

4）混凝土施工试验记录：混凝土配合比申请单和通知单，见附录 A 表 A-60（组卷编号 C6-10）；混凝土抗压强度试验报告，见附录 A 表 A-61（组卷编号 C6-11）；混凝土试块强度统计、评定记录，见附录 A 表 A-62（组卷编号 C6-12）；混凝土抗渗试验报告，见附录 A 表 A-63（组卷编号 C6-13）。

5）建筑装饰装修工程施工试验记录：饰面砖粘结强度试验报告，见附录 A 表 A-64（组卷编号 C6-14）；拉拔试验报告，由检测单位出具。

6）支护工程施工试验记录。

7）桩基（地基）工程施工试验记录。

8）预应力工程施工试验记录。

9）钢结构工程施工试验记录：超声波探伤报告，见附录 A 表 A-65（组卷编号 C6-15）；超声波探伤记录，见附录 A 表 A-66（组卷编号 C6-16）；钢构件射线探伤报告，见附录 A 表 A-67（组卷编号 C6-17）。

10）木结构施工试验报告。

（2）给水排水和采暖工程施工试验记录

1）给水系统设备、热水系统设备、机械排水系统设备、消防系统设备、采暖系统设备、水处理系统设备等在安装完毕后，应进行单机试运转，并做记录。设备单机试运转记录见附录 A 表 A-52（组卷编号 C6-2）。

2）采暖系统、水处理系统等应进行系统试运转调试，并做记录。系统试运转调试记录见附录A表A-53（组卷编号C6-3）。

3）非承压管道系统和设备，包括开式水箱、卫生洁具、安装在室内的雨水管道等，在系统和设备安装完毕后，暗装、埋地、有绝热层的室内外排水管道进行隐蔽前，应进行灌（满）水试验，并做记录。灌（满）水试验记录见附录A表A-68（组卷编号C6-18）。

4）室内外输送各种介质的承压管道、设备在安装完毕后，进行隐蔽之前，应进行强度严密性试验，并做记录。强度严密性试验记录见附录A表A-69（组卷编号C6-19）。

5）室内外给水（冷、热）、中水及游泳池水系统、卫生洁具、地漏及地面清扫口及室内外排水系统应分系统（区、段）进行通水试验，并做记录。通水试验记录见附录A表A-70（组卷编号C6-20）。

6）室内外给水（冷、热）、中水及游泳池水系统、采暖、消防管道及设计有要求的管道应在使用前做冲洗试验；介质为气体的管道系统应按有关设计要求及规范规定做吹洗试验。设计有要求时还应作脱脂处理。吹（冲）洗（脱脂）试验记录见附录A表A-71（组卷编号C6-21）。

7）室内排水水平干管、主立管应按有关规定进行通球试验，并做记录。通球试验记录见附录A表A-72（组卷编号C6-22）。

8）各类补偿器安装时应按要求填写补偿器安装记录。补偿器安装记录见附录A表A-73（组卷编号C6-23）。

9）室内消火栓系统在安装完成后，应按设计要求及规范规定进行消火栓试射试验，并做记录。消火栓试射记录见附录A表A-74（组卷编号C6-24）。

10）锅炉的高、低水位报警器和超温、超压报警器及联锁保护装置必须按设计要求安装齐全，进行起动、联动试验，并做记录。安全附件安装检查记录见附录A表A-75（组卷编号C6-25）。

11）锅炉安装完成后，在试运行前，应进行烘炉试验，并做记录。锅炉封闭及烘炉（烘干）记录见附录A表A-76（组卷编号C6-26）。

12）锅炉安装完成后，在试运行前，应进行煮炉试验，并做记录。锅炉煮炉试验记录见附录A表A-77（组卷编号C6-27）。

13）锅炉在烘炉、煮炉合格后，应进行48h的带负荷连续试运行，同时应进行安全阀的热状态定压检验和调整，并做记录。锅炉试运行记录见附录A表A-78（组卷编号C6-28）。

14）安全阀调试记录。锅炉安全阀在投入运行前应由有资质的试验单位按设计要求进行调试，并出具调试记录。表格由试验单位提供。

（3）电气工程的施工试验记录

1）设备、系统的防雷接地、保护接地、工作接地、防静电接地以及设计有要求的接地处理应进行电阻测试，电气接地电阻测试记录见附录A表A-79（组卷编号C6-29）。并应附电气防雷接地装置隐检与平面示意图进行说明，见附录A表A-80（组卷编号C6-30）。电气接地电阻的检测仪器应在检定有效期内。

2）电气设备和动力、照明线路及其他必须进行绝缘电阻测试的线路，在配管及管内穿线分项质量验收前和单位工程质量竣工验收前，应分别按系统回路进行绝缘电阻测试，不得遗漏。电气绝缘电阻测试记录见附录A表A-81（组卷编号C6-31）。电气绝缘电阻的检测仪器应在检定有效期内。

3）电气器具安装完成后，按层、按部位（户）进行通电检查，检查内容包括接线情况、电气器具开关情况等，并进行记录。电气器具通电安全检查记录见附录A表A-82（组卷编号C6-32）。电气器具应全数进行通电安全检查，合格后在记录表中打"√"。

4）电气设备空载试运行记录，见附录A表A-83（组卷编号C6-33）。

电气设备应进行空载试运行检查，要求如下：成套配电（控制）柜、台、箱、盘的运行电压、电流应正常，各种仪表指示正常；电动机应试通电，检查转向和机械转动有无异常情况，可空载试运行的电动机，空载试运行时间一般为2h，记录空载电流，且检查机身和轴承的温升；交流电动机空载起动次数及间隔时间应符合产品技术条件的要求，当产品技术条件无要求时，连续起动2次的时间间隔不应少于5min，再次起动应在电动机冷却至常温后进行。设备空载状态运行时，应记录电流、电压、温度、运行时间等有关数据，且应符合建筑设备或工艺装置的空载状态运行的要求，电动执行机构的动作方向及指示应与工艺装置的设计要求保持一致。

5）建筑物照明通电试运行记录，见附录A表A-84（组卷编号C6-34）。

建筑物照明通电试运行要求如下：公用建筑照明系统连续通电试运行时间为24h，民用住宅照明系统连续通电试运行时间为8h；试运行时所有照明灯具均应开启，且每2h记录运行状态1次，连续试运行时间内无故障。

6）大型照明灯具承载试验记录，见附录A表A-85（组卷编号C6-35）。

大型灯具（设计要求做承载试验的）在预埋螺栓、吊钩、吊杆、吊顶、嵌入式安装专用骨架上安装时，应全数按2倍于灯具的重量做承载试验。

7）高压部分试验记录，应由有相应资格的单位进行试验并记录，表格自行设计。

8）漏电断路器模拟试验记录，见附录A表A-86（组卷编号C6-36）。

动力和照明工程的漏电保护装置应全数做模拟动作试验，并符合设计要求的额定值。

9）电能表检定记录。电能表在安装前应送有相应检定资格的单位全数检定，应有记录（表格由检定单位提供）。

10）大容量电气线路节点测温记录，见附录A表A-87（组卷编号C6-37）。

大容量（630A及以上）导线、母线连接处或开关，在设计负荷运行情况下应做温度抽测记录，温升值应稳定且不大于设计值。

11）避雷带支架拉力测试记录，见附录A表A-88（组卷编号C6-38）。

避雷带的每个支架应做垂直拉力试验，支架能承受的垂直拉力应大于49N（5kg）。

（4）通风空调工程的施工试验记录

1）设备单机试运转记录，见附录A表A-52（组卷编号C6-2）。

通风与空调系统的各类水泵、风机、冷水机组、冷却塔、空调机组、新风机组等设备在安装完毕后，应进行单机试运转，并做记录。

2）系统试运转调试记录，见附录A表A-53（组卷编号C6-3）。

通风系统、制冷系统、净化空调系统等应进行系统试运转及调试，并做记录。

3）强度严密性试验记录，见附录 A 表 A-69（组卷编号 C6-19）。

输送各种介质的承压管道、设备、阀门、风机盘管、成组散热器，要求按不同类型、不同系统、不同施工部位在隐蔽之前进行单项强度试验，并做记录。

4）吹（冲）洗（脱脂）试验记录，见附录 A 表 A-71（组卷编号 C6-21）。

室内空调系统应在使用前做吹（冲）洗试验，吹（冲）洗试验应分段分系统进行，分别填写试验记录。试验记录填写应写清注水部位、放水部位，吹（冲）情况及效果，日期和有关人员签字应齐全。

5）补偿器安装记录，见附录 A 表 A-73（组卷编号 C6-23）。各类补偿器安装时应按要求填写补偿器安装记录。

6）风管漏风检测记录，见附录 A 表 A-89（组卷编号 C6-40）。

风管系统安装完成后，应按设计要求及规范规定进行风管漏风测试，并做记录。

7）现场组装除尘器、空调机漏风检测记录，见附录 A 表 A-90（组卷编号 C6-41）。

现场组装的除尘器壳体、组合式空气调节机组应进行漏风量的检测，并做记录。

8）各房间室内风量温度测量记录，见附录 A 表 A-91（组卷编号 C6-42）。

通风与空调工程无生产负荷联合试运转时，应分系统，将同一系统内的各房间风量、室内温度进行测量调整，并做记录。

9）管网风量平衡记录，见附录 A 表 A-92（组卷编号 C6-42）。

通风与空调工程进行无生产负荷联合试运转时，应分系统，将同一系统内各测点的风压、风速、风量进行测试和调整，并做记录。

10）空调系统试运转调试记录，见附录 A 表 A-93（组卷编号 C6-44）。

通风与空调工程进行无生产负荷联合试运转及调试时，应对空调系统总风量进行测量调整，并做记录。

11）空调水系统试运转调试记录，见附录 A 表 A-94（组卷编号 C6-44）。

通风与空调工程进行无生产负荷联合试运转及调试时，应对空调冷（热）水、冷却水总流量、供回水温度进行测量、调整，并做记录。

12）制冷系统气密性试验，见附录 A 表 A-95（组卷编号 C6-46）。

应对制冷系统的工作性能进行试验，并做记录。

13）净化空调系统测试记录，见附录 A 表 A-96（组卷编号 C6-47）。

净化空调系统无生产负荷试运转时，应对系统中的高效过滤器进行泄漏测试，对室内洁净度进行测定，并做记录。

14）防排烟系统联合试运行记录，见附录 A 表 A-97（组卷编号 C6-48）。

在防排烟系统联合试运行和调试过程中，应对测试楼层及其上下二层的排烟系统中的排烟风口、正压送风系统的送风口进行联动调试，并对各风口的风速、风量进行测量调整，对正压送风口的风压进行测量调整，并做记录。

（5）智能建筑工程中通信网络系统、办公自动化系统、建筑设备监控系统、火灾报警及消防联动系统、安全防范系统、综合布线系统、智能化集成系统、电源与接地、环境、住宅（小区）智能化系统等各子分部工程的施工试验记录 按现行相关行业规范及标准执行，其表格由专业施工单位自行设计。

（6）建筑节能、保温测试记录 建筑工程应按照建筑节能标准，对建筑物所使用的材料、构配件、设备、采暖、通风空调、照明等涉及节能、保温的项目进行检测，测试应委托有相应资质的检测单位进行，并出具检测报告。

（7）电梯工程的施工试验记录

1）轿厢平层准确度测量记录。电梯具备运行条件时，应对电梯轿厢的运行平层准确度进行测量，并作记录。

2）电梯层门安全装置检验记录。电梯层门安装完成后，应对每一扇层门的安全装置进行检查确认，并填写记录。

3）电气接地电阻测试记录、电气绝缘电阻测试记录、电梯电气安全装置检验记录。电梯安装完毕，应进行电梯调试运行，由安装单位对电梯的电气安全装置进行检查确认，并填写记录。

4）电梯整机功能检验记录。电梯调试结束后，在交付使用前，由安装单位对电梯的整机运行性能进行检查试验，并填写记录。

5）电梯主要功能检验记录。电梯调试结束后，在交付使用前，由安装单位对电梯的主要功能进行检查确认，并填写记录。

6）电梯负荷运行试验记录、电梯负荷运行试验曲线图。电梯调试时，由安装单位对电梯的运行负荷和试验曲线、平衡系数进行检查试验，并填写记录。

7）电梯噪声测试记录。电梯具备运行条件时，应对电梯轿厢内、机房、轿厢门、层站门的运行噪声进行测试，并填写记录。

8）自动扶梯、自动人行道安全装置检验记录。自动扶梯、自动人行道安装完毕后，安装单位应对其安全装置、运行速度、噪声、制动器等功能进行测试，并填写记录。

2. 施工试验记录的填写要求

工程施工时，应根据设计要求和规范规定进行试验，施工试验应记录原始数据和计算结果，得出试验结论，并按规定出具施工试验报告。下面详细说明常用的几种施工试验记录的填写要求。

（1）回填土

1）回填土一般包括柱基、基槽管沟、基坑、填方、场地平整、排水沟、地（路）面基层和地基局部处理等土方工程回填的素土、灰土、砂和砂石。应测定土的最大干密度和最优含水量，确定最小干密度控制值，由试验单位出具土工击实试验报告和回填土试验报告，见附录A表A-54（组卷编号C6-4）和表A-55（组卷编号C6-5所示）。

2）回填土试验取样方法及有关规定。

① 环刀法：每段每层进行检验，应在夯实层下半部（至每层表面以下2/3处）用环刀取样。此试验方法适用于黏性土。

② 罐砂法：用于级配砂再回填或不宜用环刀法取样的土质。采用罐砂法取样时，取样数量可较环刀法适当减少，取样部位应为每层压实的全部深度。此方法适用于现场测定原状砂和砾质土的密度。

3）相关试验报告的填写。

① 土工击实试验报告的填写方法。

ⅰ）委托单位及工程名称：要写具体，名称应与施工组织设计一致。

ⅱ）填土部位：应填写清楚（如柱基、地基处理等）。

ⅲ）土样种类：应填清素土、灰土（如2:8灰土）、砂或级配砂石等。

ⅳ）土质：应填清粉土、粉质黏土、黏土等。

② 回填土试验报告的填写方法。

ⅰ）试验报告子目填写齐全，步数、取样位置图（平面及剖面）应清楚。

ⅱ）绘制回填土取点平面示意图时，取样平面图按各层、段把取样点标注完整、清晰、准确；应分段、分层（步）取样做回填土试验，并填写回填土试验报告。取点平面示意图应与试验报告各点一一对应，并要注明回填土的起止标高。

ⅲ）回填土质、填土种类、取样、试验时间应与其他技术资料对应一致，相互吻合，并结论正确。

ⅳ）步数：夯实后素土每步厚度为15cm，灰土每步厚度为20cm。冬期施工夯实厚度宜为10～15cm。

4）回填土的合格判定。填土压实后的干密度，应有90%以上符合设计要求，其余10%的最低值与设计值的差不得大于0.08g/cm^3，且不得集中。试验结果不合格应尽快上报有关部门及时处理。试验报告单不得抽撤，应在其上注明如何处理，并附处理合格证明，一并存档。

（2）钢筋连接

1）钢筋连接工艺检验应符合下列要求。

① 每种规格钢筋的接头试件不应少于3根。

② 接头试件的钢筋母材应进行抗拉强度试验。

③ 3根接头试件的抗拉强度均应满足规范规定的强度要求；对于A级接头，试件抗拉强度应大于等于0.9倍钢筋母材的实际抗拉强度。计算实际抗拉强度时，应采用钢筋的实际横截面面积。

④ 当3个试件单向试验结果均符合有关规定的强度要求时，该验收批评为合格。如有1个试件的强度不符合要求，应再取6个试件进行复试。复试中仍有1个试件的试验结果不符合要求，则该验收批评为不合格。

2）钢筋连接试验报告填写见附录A表A-55（组卷编号C6-6）。

① 委托单位及工程名称：要写具体，名称应与施工组织设计一致。

② 施工部位：应填写具体（如层、轴、梁、柱等）。

③ 接头类型：要写具体，如双面搭接电弧焊，不能只填写电弧焊。

④ 钢筋种类：填写钢筋的品种和规格，符号要写正确，如热轧带肋HRB335。

⑤ 检验形式：注明工艺检验、现场检验或焊接性检验。

⑥ 操作人：应与焊工上岗证上的姓名相吻合。

⑦ 试件代表数量：按规定具实填写。

3）钢筋连接试验报告的检验方法及要求。

① 试验报告中应写明：工程名称、钢筋级别、焊接种类、规格、批号、数量、构件类型、使用部位、制作试验日期、外观检验及试验结果。

② 检查试验单上的项目是否齐全，试验结果及结论是否准确、真实、无未了事项，试验室盖章签字是否齐全。

③ 检查连接用母材是否先试验合格后再使用，检查试验编号是否填写，检查批量的总和是否与需用量基本一致。

④ 检查试验数据是否达到规范规定的标准值。若达不到相应标准要求时，是否取双倍数量的试件进行复验或报有关部门处理，并将复试合格单或处理结论附于此单后一并存档。

⑤ 核对使用日期，不允许先使用后试验。

4）钢筋连接试验的要求。

① 用于焊接、机械连接钢筋的力学性能和工艺性能应符合现行国家标准。

② 正式焊（连）接工程开始前及施工过程中，应对每批进场钢筋，在现场条件下进行工艺检验。工艺检验合格后方可进行焊接或机械连接。

③ 钢筋焊接接头或焊接制品、机械连接接头应按焊（连）接类型和验收批的划分进行质量验收并现场取样复试，钢筋连接验收批的划分及取样数量和必试项目见附录B。

④ 承重结构工程中的钢筋连接接头应按规定实行有见证取样和送检的管理。

⑤ 采用机械连接接头形式施工时，技术提供单位应提交由有相应资质等级的检测机构出具的型式检验报告。

⑥ 焊（连）接工人必须持有有效的岗位证书。

[能力训练] 已知某工程，施工组织设计文件上的工程名称为“电子小区2号裙楼工程”，该工程的主体结构由金辉建筑工程有限公司承建，2008年3月14日，根据建设单位的要求，金辉公司需要委托菲美建筑咨询公司对该工程1层框架柱中的纵向钢筋搭接接头（共206个）进行抗拉强度试验，接头全部采用双面搭接电弧焊，钢筋品种为热轧带肋HRB335，公称直径均为24mm，设计要求接头性能等级达到A级要求，该批钢筋搭接工作全部由钢筋班已取得焊工上岗证书的李强、钱伟、冯立3位工人完成。2008年3月17日，菲美公司按设计和国家规范要求对该批钢筋进行了抗拉强度抽样试验，结果随机切取的3个接头进行拉伸试验结果为：母材试件实测直径3组均为24mm、抗拉强度分别为334MPa、335MPa、336MPa，接头试件公称直径3组分别为23.9mm、24.1mm、24mm，抗拉强度分别为325MPa、328MPa、330MPa，断裂特征均为有10%以上伸长率以后颈缩断裂，断裂位置均在离接头5mm附近位置。根据以上条件，4位同学为一组，其中3位同学分别扮演金辉公司项目经理、菲美公司试验负责人、金辉公司资料员，另1位同学为记录员，演绎该批钢筋接头的送检过程，并填写表A-55（试件编号可随机确定）。作为记录员的同学详细观察演绎过程，并将过程记录下来，最后4位同学一起检查表A-55的填写情况及演绎记录，讨论总结在该过程中出现的问题并寻求改进办法。

训练思考：表A-55中的“批准”、“审核”、“试验”栏的签字应该由谁来完成？

（3）砌筑砂浆

1）砌筑砂浆配合比申请单和配合比通知单见附录A表A-56（组卷编号C6-7），填写要求如下：

① 所有项目必须填写清楚、具体，不空项。

② 委托单位及工程名称：要写具体，名称应与施工组织设计一致。

③ 砂浆种类：应填写清楚（如水泥砂浆、混合砂浆）。

④ 强度等级：按设计要求填写。

⑤ 所用原材料：要具实填写，应复试合格后再做试配，并注意填好试验编号。

⑥ 配合比通知单应字迹清楚，无涂改，签字齐全。

2）砂浆抗压强度试验报告见附录A表A-57（组卷编号C6-8），填写要求如下：

① 砂浆抗压强度试验报告单上半部分项目应由施工单位试验人员填写。

② 工程名称及施工部位要详细具体；配合比项目要依据配合比通知单填写；水泥品种、强度等级，砂产地、细度模数，掺合料及外加剂要具实填写，并应与原材料试验单、配合比通知单相吻合。

③ 作为强度评定的试块，必须以龄期为28d的标养试块抗压强度试验结果为准。

3）砌筑砂浆试块强度统计、评定记录见附录A表A-58（组卷编号C6-9），填写要求如下：

① 砂浆试块试压后，应将砂浆试块抗压强度试验报告按施工部位及时间顺序编号，及时登记在砂浆试块抗压强度试验报告目录表中。

② 结构验收前（基础或主体结构完成后），按单位工程同种类、同强度等级砂浆为同一验收批，对工程中所用各种类、各强度等级的砂浆强度都分别进行统计评定（均以28d标养试块抗压强度试验结果为准）。

③ 砂浆试块强度统计评定应符合《砌体工程施工质量验收规范》（GB 50203—2002）的规定。

④ 当施工中出现下列情况时，可采用非破损和微破损检验方法对砌筑砂浆和砌体强度进行原位检测，判定砂浆的强度。

ⅰ）砂浆试块缺乏代表性或试块数量不足。

ⅱ）对砂浆试块的试验结果有怀疑或有争议。

ⅲ）砂浆试块的试验结果，已判定不能满足设计要求，需要确定砂浆或砌体强度。

4）砌筑砂浆施工试验报告（配合比申请单、配合比通知单、抗压强度试验报告、试块强度统计、评定记录）的检查要求。

① 按照设计施工图要求，检查砂浆配合比及抗压强度报告中砂浆的种类、强度等级、试块制作日期、实际龄期、养护方法、组数、试块强度是否符合设计要求及施工规范规定。

② 水泥品种、强度等级、厂家、试验编号应与原材复试报告、配合比通知单及试块抗压强度报告单中相应项目相吻合。

（4）混凝土

1）混凝土配合比申请单、通知单见附录A表A-59（组卷编号C6-10）、表A-60。

① 现场搅拌混凝土应有配合比申请单和配合比通知单；预拌混凝土应有试验室签发的混凝土配合比申请单、通知单。

② 配合比申请单、通知单的填写要求。

ⅰ）所有项目必须填写清楚、具体，不空项。

ⅱ）委托单位及工程名称应填写具体，与施工组织设计相一致。

ⅲ）施工部位应具体到层、轴、梁、柱。

ⅳ）强度等级及坍落度应按设计要求填写。

ⅴ）原材复试合格后方能做试配，并填好试验编号。

2）混凝土抗压强度试验报告见附录A表A-61（组卷编号C6-11）。

① 应按规定留置龄期为28d的标养试块和相应数量同条件养护试块，并出具抗压强度试验报告，冬施还应有受冻临界强度试块和转常温试块的抗压强度试验报告。

② 混凝土抗压强度试验报告单上半部分项目应由施工单位试验人员填写。

③ 工程名称及施工部位要详细具体；配合比要依据配合比通知单填写；水泥品种及强度等级，砂、石子种类，掺合料及外加剂要具实填写，并应与原材料试验单、配合比通知单相吻合。

④ 试验工依据规范要求或技术员的书面交底根据有关规定取样，制作混凝土试块。

⑤ 作为强度评定的试块，必须是经28d标养的试块，龄期不得迟或早，准确推算，填写要求试压日期，交试验室试验。

⑥ 为测定构件的出池、起吊、拆模、预应力钢筋张拉和放松、出厂等强度需要制作试件，其组数由生产单位按实际需要确定。

3）混凝土试块强度统计、评定记录见附录A表A-62（组卷编号C6-12），统计、评定步骤如下。

① 确定单位工程中需要统计评定的混凝土验收批，找出所有同一强度等级的各组试件强度值，分别填入表中。

② 填写表中所有已知项目。

③ 分别计算出该批混凝土试件的强度平均值、标准差，找出合格判定系数和混凝土试件强度最小值填入表中。

④ 计算出各评定数据并对混凝土试件强度进行判定，结论填入表中。

⑤ 混凝土试件强度统计评定记录要签字、上报、存档。

⑥ 凡按验评标准进行强度统计达不到要求的，应有结构处理措施，需要检测的，应经法定检测单位检测并应征得设计部门认可。检测、处理资料要存档。

4）抗渗混凝土、特种混凝土除应具备上述1）~3）项资料外还应有专项试验报告，混凝土抗渗试验报告见附录A表A-63（组卷编号C6-13）。

5）回弹法评定混凝土抗压强度。

当有下列情况之一时，可按回弹法评定混凝土的强度，并作为混凝土强度检验的依据之一。

① 缺乏同条件试块或标准试块数量不足。

② 试件与结构中混凝土质量不一致。

③ 试块的试压结果不符合现行标准、规范、规程所规定的要求，并对该结果持有怀疑。

6）混凝土资料整理顺序。

① 分项目录表。

② 混凝土配合比申请单和通知单。

③ 混凝土试压强度试验报告。

④ 混凝土试块强度统计、评定记录。

⑤ 预拌混凝土出厂合格证及混凝土强度试验报告。

⑥ 混凝土抗渗试验报告及冬施试块试验报告。

7）混凝土资料的检查要求。

① 按照施工图要求，检查混凝土配合比及抗压强度试验报告中混凝土的品种、强度等级、试块制作日期、实际龄期、养护方法、组数、试块强度是否符合设计要求及施工规范规定。

② 检查水泥品种、强度等级、厂家、试验编号是否与原材复试报告、配合比通知单及抗压强度试验报告单中相应项目相吻合。

③ 核查每张试验报告项目是否齐全、编号是否填写完整、计算是否正确、结论是否明确。

④ 有抗渗要求的应检查抗渗试验报告的部位、组数、抗渗等级是否符合要求。

⑤ 检查是否按《混凝土强度检验评定标准》（GB 50107—2008）中的要求对混凝土的强度进行了评定。当混凝土验收批抗压强度不合格时，是否及时进行鉴定，并采取相应的技术措施和处理办法，处理记录是否齐全，设计方是否签字。

⑥ 应与其他技术资料对应一致，相互吻合，相关资料有：原材料、半成品、成品出厂证明和试（检）验报告、混凝土配合比、混凝土开盘鉴定及混凝土浇筑申请、隐（钢筋）预（模板）检记录、质量验收批、试验技术交底等。

[能力训练] 熟悉本书表 A-56～表 A-63，根据前述内容，说明如果要分别对砂浆和混凝土资料进行整理，还需要补充什么资料？用一张白纸写上需要补充资料的全称，然后按整理顺序分别对砂浆和混凝土资料进行整理。

训练思考：混凝土抗压强度试验报告和混凝土试块强度统计、评审记录有什么区别与联系？

课题8　施工质量验收记录

1. 施工质量验收资料的内容

施工质量验收资料主要包括结构实体混凝土强度验收记录、结构实体钢筋保护层厚度验收记录、钢筋保护层厚度试验记录、____检验批质量验收记录、______分项工程质量验收记录、______分部（子分部）工程质量验收记录、______单位（子单位）工程质量竣工验收记录、单位（子单位）工程质量控制资料核查记录、单位（子单位）工程安全和功能检验资料核查及主要功能抽查记录、单位（子单位）工程观感质量检查记录。

2. 施工质量验收表格的填写要求

施工质量验收表格体现了健全的质量管理体系的具体要求，一般一个标段或一个单位（子单位）工程检查一次，在开工前检查，由施工单位现场负责人填写，由监理单位的总监理工程师（建设单位项目负责人）验收。下面分三个部分来说明填表要求和填写方法。

(1) 检验批质量验收记录 见附录C表C-1。

1) 表的名称及编号。

检验批由监理工程师或建设单位项目技术负责人组织项目专业质量检查员等进行验收，表的名称应在制订专用表格时就印好，前面印上分项工程的名称。表的名称下边注上质量验收规范的编号。

检验批质量验收记录的编号按全部施工质量验收规范系列的分部工程、子分部工程统一为9位数的数码编号，写在表的右上角，前6位数字均印在表上，后留三个"□"，检查验收时填写检验批的顺序号。其编号规则为：

前边2个数字是分部工程的代码，从01—09：地基与基础为01，主体结构为02，建筑装饰装修为03，建筑屋面为04，建筑给水排水及采暖为05，建筑电气为06，智能建筑为07，通风与空调为08，电梯为09。

第3、4位数字是子分部工程的代码。

第5、6位数字是分项工程的代码。

第7、8、9位数字是各分项工程检验批验收的顺序号。由于在大量高层或超高层建筑中，同一个分项工程会有很多检验批的数量，故留了2位数的空位置。如为第11个检验批则填为011。

如地基与基础分部工程，无支护土方子分部工程，土方开挖分项工程，其检验批表的编号为：01010□□□，第一检验批编号为：010101001。

还需说明的是，有些子分部工程中有些项目可能在2个分部工程中出现，这就要在同一个表上编2个分部工程及相应子分部工程的编号：如砖砌体分项工程在地基与基础和主体结构中都有，砖砌体分项工程检验批的表编号为：010701□□□、020301□□□。

有些分项工程可能在几个子分部工程中出现，这就应在同一个检验批表上编几个子分部工程及子分部工程的编号。如建筑电气的接地装置安装，在室外电气、变配电室、备用和不间断电源安装、防雷接地安装等子分部工程中都有，其编号为：060109□□□、060206□□□、060608□□□、060701□□□。4个编号中的第5、6位数字分别表示：第一个编号中的"09"表示室外电气子分部工程的第9个分项工程，第二个编号中的"06"表示变配电室子分部工程的第6个分项工程，其余类推。

另外，有些分项工程，在验收时也将其划分为几个不同的检验批来验收。如混凝土结构子分部工程的混凝土分项工程，分为原材料、配合比设计、混凝土施工3个检验批来验收。又如建筑装饰装修分部工程建筑地面子分部工程中的基层分项工程，其中有几种不同的检验批。可在其表名下加标罗马数字（Ⅰ）、（Ⅱ）、（Ⅲ）…来表示。

2) 表头部分的填写。

①"单位（子单位）工程名称"，按合同文件上的单位工程名称填写，子单位工程标出该部分的位置。"分部（子分部）工程名称"，按验收规范划定的分部（子分部）工程名称填写。"验收部位"是指一个分项工程中验收的那个检验批的抽样范围，要标注清楚，如"二层①—⑮轴线砖砌体"。

"施工单位"、"分包单位"填写施工单位的全称，并与合同公章上名称相一致。"项目经理"填写合同中指定的项目负责人。在装饰、安装等分部工程施工中，有分包单位时，也应填写分包单位全称，分包单位的项目经理也应是合同中指定的项目负责人。这些人员由填表人填写不要本人签字，只是表明他是项目负责人。

②“施工执行标准名称及编号”栏的填写。

由于验收规范只列出验收的质量指标，其工艺等只提出一个原则要求，具体的操作工艺依靠企业标准。只有按照不低于国家质量验收规范的企业标准来操作，才能保证国家验收规范的实施。如果没有具体的操作工艺，保证工程质量就是一句空话，因此企业必须制订企业标准（操作工艺、工艺标准、工法等），来进行工人培训，技术交底，规范工人班组的操作。为了能成为企业的标准体系的重要组成部分，企业标准应有编制人、批准人、批准时间、执行时间、标准名称及编号。填表时要将标准名称及编号填上，这样就能在企业的标准系列中查到其详细情况，并要在施工现场实施这项标准。

3）质量验收规范栏的填写。

一般在制表时就已填写好验收规范中主控项目、一般项目的内容，但由于表格的地方有限，不能填写多数指标的全部内容，只能将质量指标归纳、简化描述或填写题目及条文号，作为检查内容提示，以便查对验收规范的原文；对计数检验的项目，可直接填写数据。

在实际操作中，也经常将验收规范的主控项目、一般项目的内容全摘录在表的背面，这样虽然方便查对验收条文的内容，但是根据以往的经验，这样会引起只看表格、不看验收规范的后果。规范上还有基本规定、一般规定等内容，这些内容虽然不属主控项目和一般项目的条文，但也是验收主控项目和一般项目的依据。所以，验收规范的质量指标不宜全抄过来，而且验收资料一般依据现场检查结果和实测数据填写，表格规定栏及背面的不全文抄录也规避了“编造”资料的情况。

4）主控项目、一般项目施工单位检查评定记录的填写。填写方法分以下几种情况，验收不验收均按施工质量验收规范进行判定。

① 对定量项目直接填写检查的数据。

② 对定性项目，当符合规范规定时，采用打“√”的方法标注；当不符合规范规定时，采用打“×”的方法标注。

③ 有混凝土、砂浆强度等级验收的检验批，按规定制取试件后，可填写试件编号，待试件试验报告出来后，对检验批进行判定，并在分项工程验收时进一步进行强度评定及验收。

④ 对既有定性又有定量的项目，各个子项目质量均符合规范规定时，采用打“√”的方法来标注；否则采用打“×”的方法来标注。无此项内容的打“/”来标注。

⑤ 对一般项目合格点有要求的项目，应是其中带有数据的定量项目；定性项目必须基本达到。定量项目中每个项目都必须有80%以上（混凝土保护层为90%）检测点的实测数值达到规范规定。其余20%按各专业施工质量验收规范规定，偏离限值不能大于150%（钢结构为120%）。也就是说，有数据的项目，除必须达到规定的数值外，其余可放宽的，最大放宽到150%。

“施工单位检查评定记录”栏填写时，有数据的项目，先将实际测量的数值填入格内，对于超企业标准而没有超过国家验收规范的数值用“○”将其圈住；对超过国家验收规范的数值用“Δ”圈住。

5）“监理（建设）单位验收记录”的填写。

通常监理人员应进行平行、旁站或巡回的方法进行监理，在施工过程中，对施工质量进行察看和测量，并参加施工单位重要项目的检测。对新开工程或首件产品进行全面检查，以了解质量水平和控制措施的有效性及执行情况，并且在整个过程中，随时可以测量。在检验批验收时，对主控项目、一般项目应逐项进行验收。对符合验收规范规定的项目，填写“合格”或“符合要求”；对不符合验收规范规定的项目，暂不填写，待处理后再验收，但应作标记。

6）“施工单位检查评定结果”的填写。

施工单位自行检查评定合格后，应注明“主控项目全部合格，一般项目满足规范规定要求”的字样。专业工长（施工员）和施工班组长栏目必须由本人签字，以示承担责任。项目专业质量检查员代表企业逐项检查评定，并写清楚结果，签字后交监理工程师或建设单位项目专业技术负责人验收。

7）“监理（建设）单位验收结论”的填写。

主控项目、一般项目验收合格，混凝土、砂浆试件强度待试验报告出来后判定，其余项目已全部验收合格时可注明“同意验收”。专业监理工程师及建设单位项目专业技术负责人必须签字。

[**能力训练**] 某单位工程，合同文件上的名称为“电子小区2号裙楼工程”，现要将其室内1层大厅（②~④轴）大理石地面镶贴工程作为一个检验批进行验收（子分部工程编号为01，分项工程编号01，检验批验收编号004），该工程的总承包单位为金辉建筑工程有限公司（该工程项目负责人为李冰），整楼室内装饰装修工程分包给美家装饰有限公司完成（项目经理为田伟），施工执行美家公司的企业内部标准（标准名称为“美家标准工艺——镶贴部分”，编号mjbz 5021—2005），验收主控项目包括大理石的规格、图案、颜色、性能以及粘贴工程的找平（要求平整度2mm，实际检查结果为1mm）、粘贴牢固度、空鼓（要求空鼓率小于95%，实际无空鼓）、施工方法（隐检资料齐全且其结果符合要求），一般项目包括大理石表面洁净、平整、色泽基本一致，不规格大理石使用部位（基本使用在不显眼部位），接缝平整（要求接缝高低差小于0.4mm，实际检查结果为0.2mm）。该批大理石产品合格证书、进场验收记录、性能检测报告和复验报告均齐全且符合要求，经目测大理石地面粘贴无明显色差，颜色、规格比较一致，经检测室内辐射符合相关国家规范。2位同学一组，分别扮演施工单位检查人员和监理单位检查人员，填写表C-1。

训练思考：什么是单位工程？什么是分部工程？什么是子分部工程？什么是分项工程？什么是检验批？它们各有何区别与联系？

(2) 分项工程质量验收记录　见附录C表C-2。

分项工程验收由监理工程师组织项目专业技术负责人等进行。分项工程验收是在检验批验收合格的基础上进行的，通常起一个归纳整理的作用，所以分项工程质量验收记录是一个统计表，没有实质性验收内容。填写检查时只要注意三点就可以了，一是检查检验批是否将整个工程覆盖了，有没有漏掉的部位；二是检查有混凝土、砂浆强度要求的检验批，到龄期后能否达到规范规定；三是将检验批的资料统一，依次进行登记整理，方便管理。

分项工程质量验收记录表名应填上所验收分项工程的名称。表头、“检验批名称及部位、区段”、“施工单位检查评定结果”由施工单位项目专业质量检查员填写，由施工单位的项目专业技术负责人检查后给出评价并签字后交监理单位或建设单位验收。

监理单位的专业监理工程师（或建设单位的专业技术负责人）应逐项审查，同意项填写“合格或符合要求”，不同意项暂不填写，等处理后再验收，但应作标记。“验收结论”栏注明“验收”或“不验收”的意见，如填写“同意验收”并签字确认；不同意验收时要指出存在问题，明确处理意见和完成时间。

(3) 分部（子分部）工程验收记录　见附录C表C-3。

分部（子分部）工程验收是质量控制的一个重点。由于单位工程工程量增大，复杂程度增加，专业施工单位增多，为了分清责任、及时整修，分部（子分部）工程的验收就显得非常重要，一些以往属单位工程验收的内容，也成为分部（子分部）工程验收工作的内容。分部（子分部）工程验收工作除了分项工程的核查外，还有质量控制资料核查，安全、功能项目的检测，观感质量的验收等。

分部（子分部）工程应由施工单位将自行检查评定合格的表填好后，由项目经理交监理单位或建设单位验收。由总监理工程师组织施工项目经理及有关勘察（地基与基础部分）、设计（地基与基础及主体结构等）单位项目负责人进行验收，并按表C-3的要求进行记录。

分部（子分部）工程质量验收记录各部分的填写要求如下。

1）表名：分部（子分部）工程的名称要填写具体，写在“分部（子分部）工程”字样前面的横线上，并依据工程类别分别划掉“分部”或“子分部”。

2）表头部分的工程名称填写工程全称，与检验批、分项工程、单位工程验收表的工程名称一致。

3）结构类型填写按设计文件提供的结构类型。层数应分别注明地下和地上的层数。

4）施工单位填写单位全称。与检验批、分项工程、单位工程验收表填写的名称一致。

5）技术部门负责人及质量部门负责人多数情况下填写项目的技术及质量负责人，只有地基与基础、主体结构及重要安装分部（子分部）工程应填写施工单位的技术部门及质量部门负责人。

6）分包单位的填写。有分包单位时才填，没有时就不填写，主体结构不应进行分包。分包单位名称要写全称，与合同或图章上的名称一致。其中的分包单位负责人及分包单位技术负责人，应填写本项目的项目负责人及项目技术负责人。

7）验收内容部分的填写。验收内容部分共有四项：

① 分项工程。按分项工程施工先后的顺序，将分项工程名称填写上，在第二栏内分别填写各分项工程实际的检验批数量，即分项工程验收表上的检验批数量，并将各分项工程评定表按顺序附在表后。

“施工单位检查评定结果”栏，填写施工单位自行检查评定的结果。核查一下各分项工程是否都通过验收，有关龄期试件的合格评定是否达到要求，对有全局垂直度或总标高要求的项目的应进行检查验收。自检符合要求的可打“√”标注，否则打“×”标注。有“×”的项目不能交给监理单位或建设单位验收，应进行返修达到合格后再提交验收。监理单位或建设单位由总监理工程师或建设单位项目专业技术负责人组织审查，符合要求后，在“验收意见”栏内签注“同意验收”意见。

② 质量控制资料。应按 GB 50300—2001 表 G.0.1—2 单位（子单位）工程质量控制资料核查记录中的相关内容来确定所验收的分部（子分部）工程的质量控制资料项目，根据资料核查的要求，逐项进行核查。能基本反映工程质量情况，达到保证结构安全和使用功能的要求，即可通过验收。全部项目都通过，即可在施工单位检查评定栏内打“√”标注检查合格。并送监理单位或建设单位验收，监理单位总监理工程师组织审查，在符合要求后，在“验收意见”栏内签注“同意验收”意见。

有些工程可按子分部工程进行资料验收，有些工程可按分部工程进行资料验收，由于工程不同，不强求统一。

③ 安全和功能检验（检测）报告。这个项目是指竣工抽样检测的项目，能在分部（子分部）工程中检测的，尽量放在分部（子分部）工程中检测。按 GB 50300—2001 表 G.0.1—3 单位（子单位）工程安全和功能检验资料核查及主要功能抽查记录中相关内容确定核查和抽查项目。在核查时要注意，确定在开工之前需要检测的项目是否都进行了检测；逐一检查每个检测报告，核查每个检测项目的检测方法、程序是否符合有关标准规定；核查检测结果是否达到规范的要求；核查检测报告的各审批程序签字是否完整，在每个报告上是否标注“审查同意”字样。如果每个检测项目都通过审查，即可在施工单位检查评定栏内打“√”标注检查合格。由项目经理送监理单位或建设单位验收，监理单位总监理工程师或建设单位项目专业负责人组织审查，在符合要求后，在“验收意见”栏内签注“同意验收”意见。

④ 观感质量验收。实际不单单是外观质量，对于能起动或运转的要试起动或试运转检查，能打开看的要打开看，有代表性的房间、部位都应检查。施工单位项目经理先组织进行现场检查，经检查合格后，将应由施工单位填写的内容填好后，由项目经理签字后交监理单位或建设单位验收。监理单位由总监理工程师或建设单位项目专业负责人组织验收，在听取参加检查人员意见的基础上，以总监理工程师或建设单位项目专业负责人为主导共同确定质量评价，质量评价一般分为“好”、“一般”、“差”。质量评价需由施工单位的项目经理和总监理工程师或建设单位项目专业负责人共同签认。对于评价为观感质量差的项目，能修理的要尽量修理，如果确实难以修理时，只要不影响结构安全和使用功能的，可采用协商解决的方法进行验收，并在验收表上注明，然后将验收评价结论填写在分部（子分部）工程观感质量验收意见栏格内。

8）验收单位签字认可栏的填写。参与工程建设责任单位的有关人员应亲自签名，以示负责，方便追查质量责任。

勘察单位可只签认地基基础分部（子分部）工程，由项目负责人亲自签认。

设计单位可只签地基基础、主体结构及重要安装分部（子分部）工程，由项目负责人亲自签认。

施工单位总承包单位必须签认，由项目经理亲自签认，有分包单位的分包单位也必须签认其分包的分部（子分部）工程，由分包项目经理亲自签认。

监理单位作为验收方，由总监理工程师亲自签认验收。如果按规定不委托监理单位的工程，可由建设单位项目专业负责人亲自签认验收。

实训报告

1. 实训的目的：通过这个练习，学生毕业后能够独立完成施工测量放线报验表和施工物资进场报验表的填写和报审工作。

2. 实训报告的内容

（1）工程技术文件报审表（见表1-1）

工程技术文件报审表的填写和保存单位：根据合同约定或监理单位要求，施工单位应在正式施工前将需要监理单位审批的施工组织设计、施工方案等技术文件，填写工程技术文件报审表报监理单位审批签字，建设单位、监理单位和施工单位各保存一份。

（2）施工测量放线报验表（见表1-2）

施工测量放线报验表的填写和保存单位：施工单位完成相应的测量任务后应填写施工测量放线报验表，并将测量成果附在表后，报项目监理部审查签字，建设单位、监理单位和施工单位各保存一份。

（3）工程物资进场报验表（见表1-3）

工程物资进场报验表的填写和保存单位：工程物资进场后，施工单位应进行检查（外观、数量及质量证明文件等），报请监理单位验收并将物资的质量证明文件附在表后，报项目监理部审查签字，建设单位、监理单位和施工单位各保存一份。

单元2　竣工图整理

竣工图是建筑安装工程工程档案中非常重要的部分，是工程建设完成后主要凭证性材料，是建筑物真实的写照，是施工竣工验收的必要条件及工程维修、管理、改建、扩建的依据。各项新建、改建、扩建项目必须绘制竣工图。竣工图应由建设单位负责绘制，也可由建设单位委托施工单位、监理单位或设计单位进行绘制。

1. 竣工图的内容

1）工艺平面布置图等竣工图。

2）建筑竣工图、幕墙竣工图。

3）结构竣工图。

4）建筑给水、排水与采暖竣工图。

5）燃气竣工图。

6）建筑电气竣工图。

7）智能建筑竣工图（综合布线、保安监控、电视天线、火灾报警、气体灭火等）。

8）通风空调竣工图。

9）地上部分的道路、绿化、庭院照明、喷泉、喷灌等竣工图。

10）地下部分的各种市政、电力、电信管线等竣工图。

2. 竣工图的类型

（1）利用施工蓝图改绘的竣工图　在施工蓝图上一般采用杠（划）改法、叉改法，局部修改可以圈出更改部位，在原图空白处绘出更改内容，所有变更处都必须引画索引线并注明更改依据。以修改后的施工蓝图作为竣工图，要在蓝图上加盖竣工图章。

（2）在二底图上修改的竣工图　二底图即硫酸制图，用设计底图或施工图制成二底图，在二底图上依据设计变更、工程洽商内容用刮改法进行绘制，即用刀片将需要更改部位刮掉，再用绘图笔绘制修改内容，并在图中空白处作一修改备考表，表中注明变更、洽商编号（或时间）和修改内容。以修改后的二底图作为竣工图，要在二底图上加盖竣工图章。

（3）重新绘制的竣工图　根据工程竣工现状和洽商记录绘制重新竣工图，其竣工图要求与原图比例相同，并符合制图规范，图签中应有明确的“竣工图”字样或加盖竣工图章。

（4）用CAD绘制的竣工图。

课题 1　改绘竣工图

1. 竣工图标志

竣工图标志一般为具有明显的“竣工图”字样的图章（签），如图 2-1 所示，它是判定一张图样是否为竣工图的依据，要按规定填写图章（签）上的内容，包括编制单位名称、制图人、审核人、技术负责人和绘制日期等，这些单位及个人应对本竣工图负责。

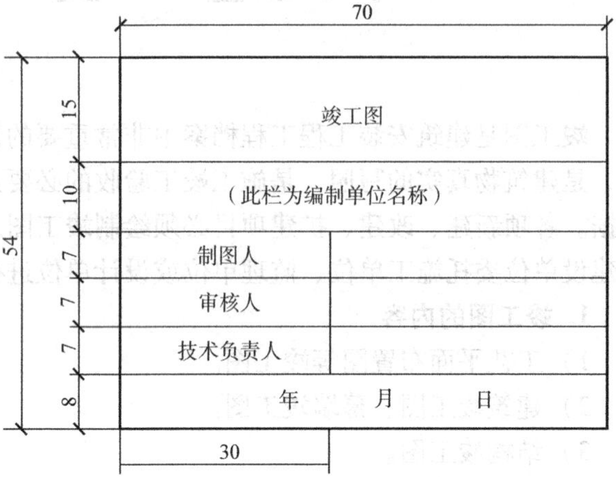

图 2-1　竣工图签式样

竣工图图章（签）应加盖在原图图签的右上方，若此处有内容，可在原图签附近空白处加盖。原施工蓝图的封面、图纸目录也要加盖竣工图图章（签），做为竣工图归档，并置于各专业图样之前。重新绘制的竣工图的封面及图纸目录，可不加盖竣工图图章（签）。

2. 改绘、绘制竣工图的方法

（1）施工中无变化的图样　凡在施工中施工图没有变化的，可在原施工图上加盖竣工图标志后做为竣工图存档。

（2）在施工蓝图上改绘竣工图

1）改绘原则。凡工程竣工现状与施工图不相符的内容，全部要按工程竣工现状，准确地在蓝图上予以修正。需要将工程图样会审提出的修改意见、工程洽商或设计变更上的修改内容如实地改绘在蓝图上。无工程洽商时，施工过程中建设单位和施工单位双方协商的修改内容，也应如实地改绘在蓝图上。

2）改绘要求。

① 改绘竣工图的图纸必须是新蓝图或绘图仪绘制的白图，不得使用复印的白图。

② 变更洽商记录的内容必须如实地反映到设计图上，如在图上无法反映，则必须在图中相应部分加以文字说明，并注明有关洽商记录的编号。

③ 无较大变更的，将修改内容如实地改绘在蓝图上，修改部位用线条标明，并注明××××年××月××日洽商第×条。修改的附图或文字均不得超过原设计图的图框。

④ 凡结构形式变化、工艺变化、平面布置变化、项目变化及其他变化重大，或在一张图样上改动部分超过 40% 或修改后图面混乱、分辨不清的个别图样，应重新绘制。

3）改绘方法。

① 在施工蓝图上可以采用杠（划）改、叉改法，局部修改可以圈出更改的部位，在原图空白处汇出更改内容，所有变更处都必须引划索引线并注明更改依据，如图 2-2 所示。

② 另绘补图修改：如原图无空白处，可把应改绘的部位绘制成硫酸图，晒成蓝图后，

作为竣工图补在本专业图样之后。

(3) 重新绘制的竣工图 如果在工程施工中变更内容较多，不能在原图样上修改清楚，应重新绘制整张图作为竣工图。重新绘制的竣工图图样应按国家制图标准和绘制竣工图的规定绘制。

(4) 在二底图上修改的竣工图 在二底图上修改的竣工图，应做到与施工同步进行。要求在图纸上作一修改备考表，修改的内容应与洽商变更的内容相对照，做到不看洽商原件即知修改的部位及基本内容，且要求图面整洁、字迹清晰。修改备考表形式见表2-1。

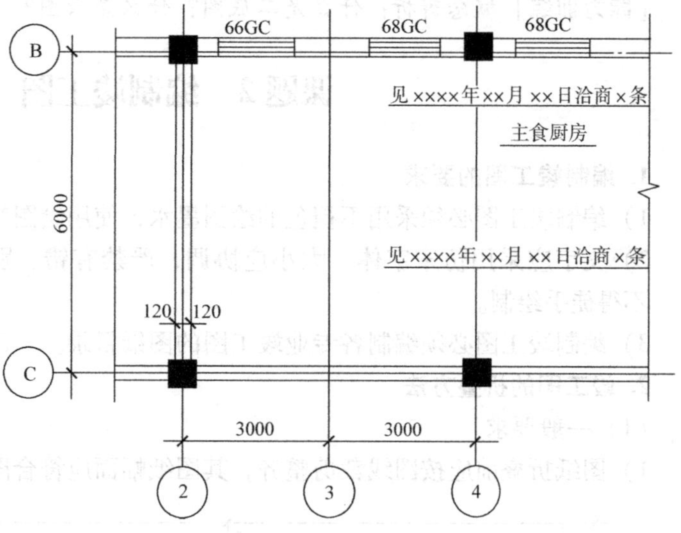

图2-2 竣工图的改绘方法

表2-1 修改备考表形式

变更、洽商编号	修改日期	内容（简要提示）	修改人	备注

修改部位用语言描述不清时，可用细实线在图上画出修改范围。

(5) 用CAD电子版施工图绘制的竣工图 可在电子版施工图上依据设计变更或工程洽商的内容进行修改，修改后用云图圈出修改部位，并在图中空白处做一修改备考表。表中注明变更、洽商编号（或时间）和修改内容。同时，图签上必须有原设计人员的签字。

【案例】 某工程现浇框架柱原设计图样的配筋图如图2-3所示，其图中柱子主筋为4⌀18，施工中，按设计要求变更为6⌀18，在CAD绘制的竣工图上其修改方法如图2-3所示。

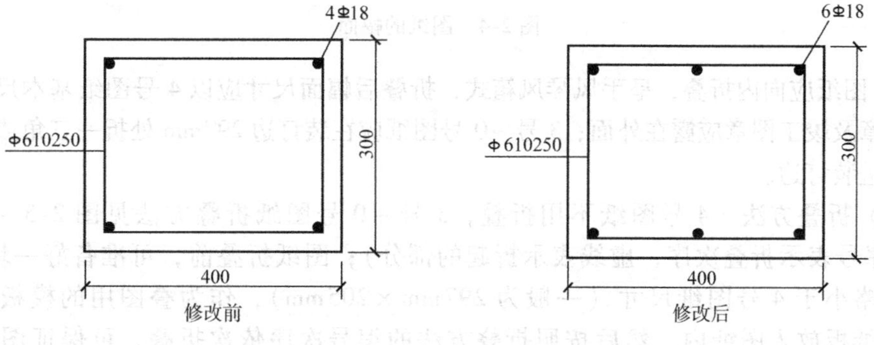

图2-3 CAD修改电子版竣工图的方法

［能力训练］概念辨析：什么是二底图？什么是云图？

课题2　编制竣工图

1. 编制竣工图的要求

1）编制竣工图必须采用不褪色的绘图墨水，使用绘图笔或签字笔。

2）文字应采用仿宋字体，大小应协调，严禁有错、别、草字。画线应使用绘图工具，不得徒手绘制。

3）编制竣工图必须编制各专业竣工图的图纸目录。

2. 竣工图的折叠方法

（1）一般要求

1）图纸折叠前应按图线裁剪整齐，其图纸幅面应符合图2-4的规定。

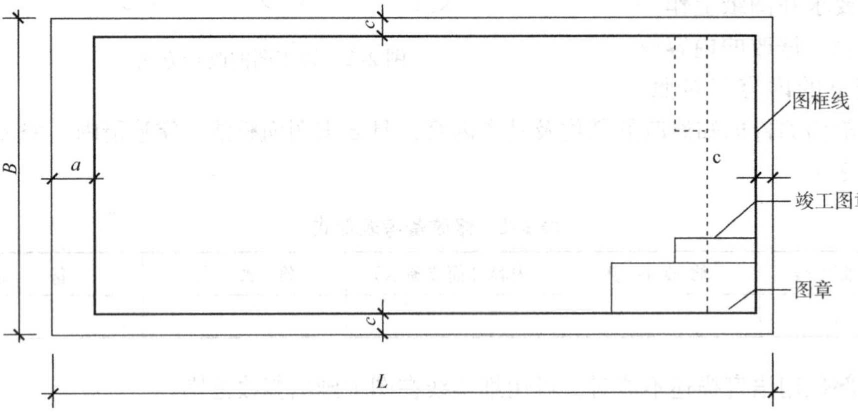

基本幅面代号	0号图纸	1号图纸	2号图纸	3号图纸	4号图纸
$B \times L$	841mm×1189mm	594mm×841mm	420mm×594mm	297mm×420mm	297mm×210mm
a	25mm				
c	10mm			5mm	

图2-4　图纸的幅面

2）图纸应向内折叠，呈手风琴风箱式；折叠后幅面尺寸应以4号图纸基本尺寸为标准；图章及竣工图章应露在外面；3号~0号图纸应在装订边297mm处折一三角或裁一缺口，折进装订边。

（2）折叠方法　4号图纸不用折叠，3号~0号图纸折叠方法见图2-5~图2-8（图中序号表示折叠次序，虚线表示折起的部分）；图纸折叠前，可准备好一块纸板，其尺寸略小于4号图纸尺寸（一般为297mm×205mm），作为叠图用的模板。折叠时，把纸板放入图纸内，然后按照折叠方法的编号次序依次折叠，可保证图纸折叠起来规范、整齐。

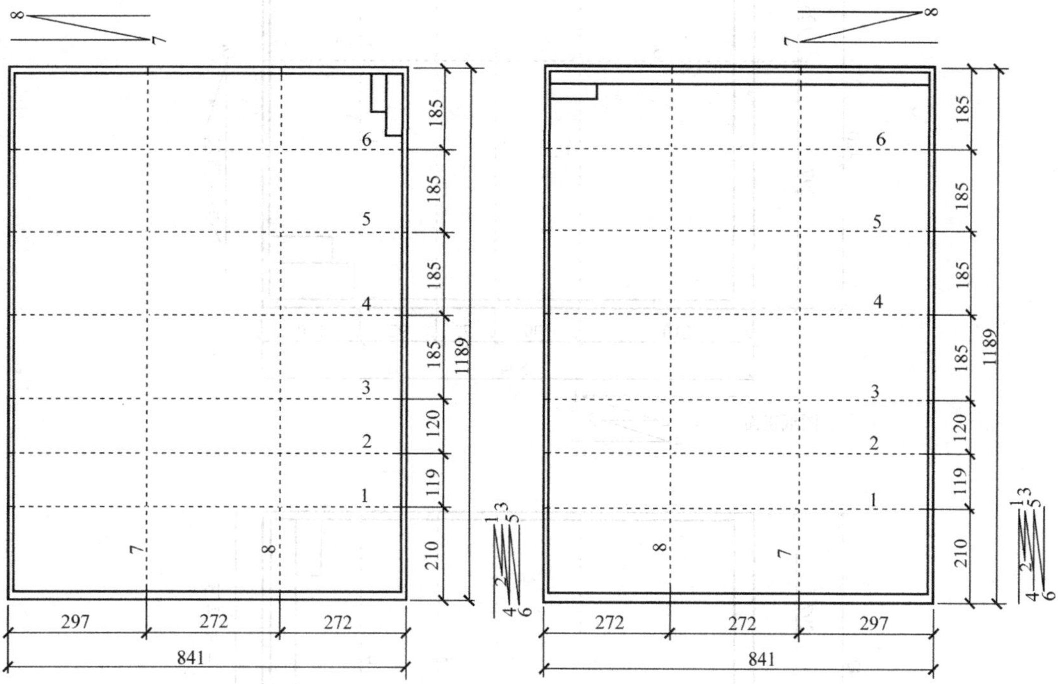

图2-5 0号图纸竣工图的折叠方法

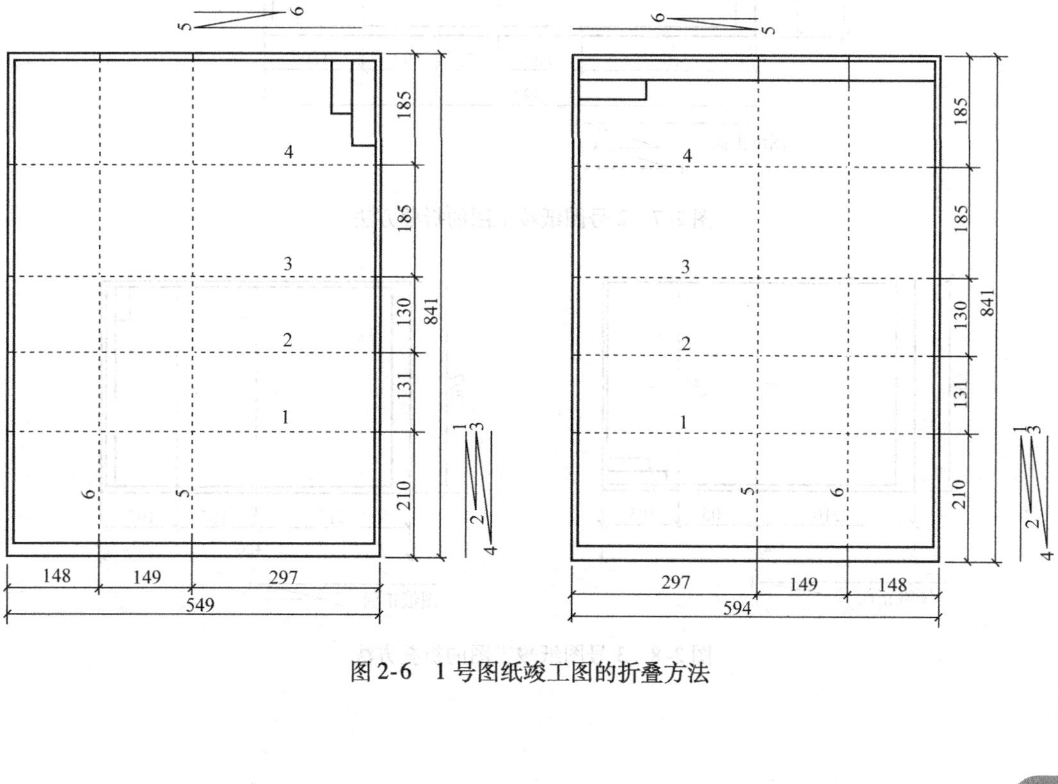

图2-6 1号图纸竣工图的折叠方法

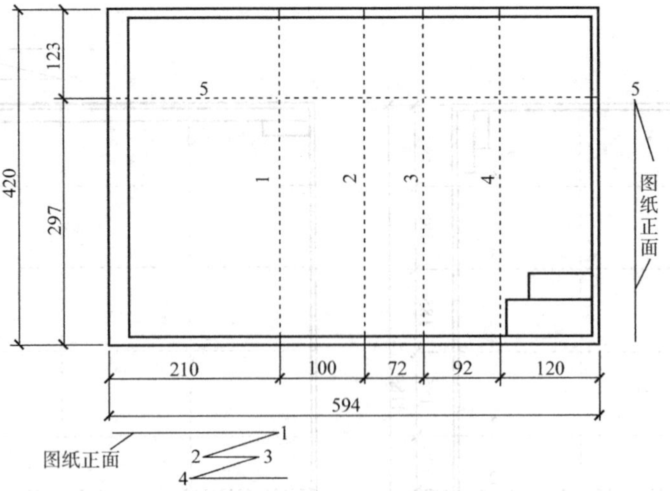

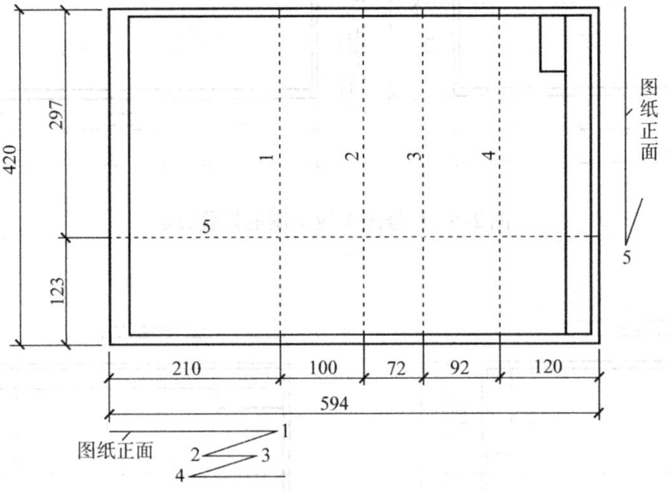

图 2-7　2 号图纸竣工图的折叠方法

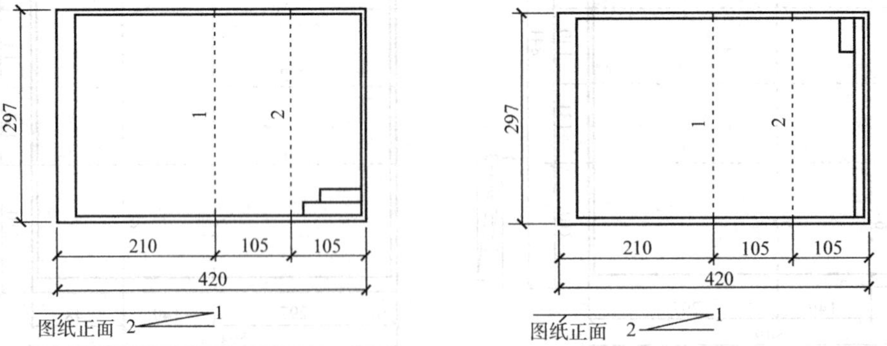

图 2-8　3 号图纸竣工图的折叠方法

3. 竣工图的组卷

竣工图应按专业进行组卷。可分为工艺平面布置竣工图卷、建筑竣工图卷、结构竣工图卷、给排水及采暖竣工图卷、建筑电气竣工图卷、智能建筑竣工图卷、通风空调竣工图卷、电梯竣工图卷、室外工程竣工图卷等，每一专业可根据图纸数量多少组成一卷或多卷。

［能力训练］ 分别找一张3号图纸、2号图纸和1号图纸，按竣工图折叠要求进行折叠。

训练思考：如何保证图纸能叠得整齐美观？可相互交流经验并总结。

单元3 工程资料编制与组卷

课题1 工程资料分项目录的编制

1. 施工物资资料的分项目录

目录内容应包括：资料名称、厂名、型号规格、数量、使用部位等，有进场见证试验的，应在备注栏中注明，施工物资资料的分项目录见表3-1。

表3-1 施工物资资料分项目录

分 项 目 录							
工程名称					物资类别		
序号	资料名称	厂 名	品种型号、规格	数量	使用部位	页次	备注

2. 施工测量记录、施工记录和检验批分项目录

目录内容包括：资料名称，填写表格名称或资料名称；施工部位，填写测量、检查或记录的层、轴线和标高位置；日期，填写资料正式形成的年、月、日。施工测量记录、施工记录和检验批分项目录见表3-2。

表3-2 施工测量记录、施工记录和检验批分项目录

分 项 目 录				
工程名称		资料名称		
序号	施工部位（内容摘要）	日期	页次	备注

3. 混凝土（砂浆）抗压强度报告目录

混凝土（砂浆）抗压强度报告目录应分单位工程、按不同龄期汇总、编目。有见证试验的应在备注栏中注明，混凝土（砂浆）抗压强度报告目录见表3-3。

表3-3 混凝土（砂浆）抗压强度报告目录

混凝土（砂浆）抗压强度报告目录									
工程名称									
序号	试件编号	试验日期	施工部位	设计强度等级	龄期/d	实际抗压强度（%）	达到的设计强度（%）	配合比编号	备注

4. 钢筋连接试验报告目录

钢筋连接试验报告目录适用于各种焊（连）接形式。有见证试验的应在备注栏中注明。钢筋连接试验报告目录见表3-4。

表3-4 钢筋连接试验报告目录

钢筋连接（原材）试验报告目录									
工程名称									
序号	试件编号	试验日期	种类及规格	施工部位	连接形式	代表数量	抗拉强度 /MPa	屈服点 /MPa	备注

课题2 工程资料卷内目录的编制

工程资料的卷内目录，内容包括序号、工程资料题名、原编字号、编制单位、编制日期、页次和备注。卷内目录内容应与案卷内容相符，排列在封面之后，原资料目录及设计图样目录不能代替工程资料的卷内目录。

1）序号：按卷内资料排列先后用阿拉伯数字从1开始依次标注。

2）工程资料题名：填写文字材料和图样名称，无标题的资料应根据内容拟写标题。

3）原编字号：资料制发机关的发文号或图样原编图号、工程资料填写资料表格的类别编号。

4）编制单位：资料的形成单位或主要责任单位名称。

5）编制日期：资料的形成时间（文字材料为原资料形成日期，竣工图为编制日期）。

6）页次：填写每份资料在本案卷的页次或起止的页次。

7）备注：填写需要说明的问题。

工程资料卷内目录见表3-5。

表3-5 工程资料卷内目录

工程资料卷内目录						
工程名称						
序号	工程资料题名	原编字号	编制单位	编制日期	页次	备注

课题3 工程资料编制与组卷要求

1. 工程资料编制的质量要求

1）工程资料应真实反映工程的实际状况，具有永久和长期保存价值的材料必须完整、准确和系统。

2）工程资料应使用原件，因各种原因不能使用原件的，应在复印件上加盖原件存放单位公章、注明原件存放处，并有经办人签字及时间。

3）工程资料应保证字迹清晰，签字、盖章手续齐全，签字必须使用档案规定用笔。计算机形成的工程资料应采用内容打印、手工签名的方式。

4）工程资料的照片（含底片）及声像档案，应图像清晰，声音清楚，文字说明或内容准确。

2. 组卷的质量要求

组卷前应保证基建文件、监理资料和施工资料齐全、完整，并符合有关规定的要求。文字材料和图样不满足质量要求时一律返工。

3. 组卷的基本原则

1）建设项目应按单位工程组卷。

2）工程资料应按照不同的收集、整理单位及资料类别，按基建文件、监理资料、施工资料和竣工图分别进行组卷。

3）卷内资料排列顺序应依据卷内资料构成而定，一般顺序为封面、卷内目录、分项目录、资料部分、备考表和封底。组成的案卷应美观、整齐。

4）卷内若存在多类工程资料时，同类资料按自然形成的顺序和时间排序，不同类资料之间的排列顺序应按类别顺序排列。

5）案卷不宜过厚，一般不超过40mm。案卷内不应有重复资料。

4. 施工资料组卷的具体要求

1）施工资料组卷应按照专业、系统划分，每一专业、系统再按照资料类别顺序排列，并根据资料数量多少组成一卷或多卷。施工资料具体组卷内容和顺序可参考附录E表E-1。

2）对于专业化程度高，施工工艺复杂，通常由专业分包单位施工的子分部（分项）工程应分别单独组卷。如有支护土方、地基（复合）、桩基、预应力、钢结构、木结构、网架（索膜）、幕墙、供热锅炉、变配电室和智能建筑工程的各系统一般就属该类应单独组卷的子分部（分项）工程。组卷时按照类别顺序排列，并根据资料数量的多少组成一卷或多卷。

3）向城建档案馆报送的工程档案应按城建档案馆的要求进行组卷。向城建档案馆报送的工程档案具体组卷内容和顺序可参考附录E表E-2。

4）文字材料和图样材料原则上不能混装在一个装具内，如资料材料较少，需放在一个装具内时，文字材料和图样材料必须混合装订，其中文字材料排前，图样材料排后。

5）单位工程档案总案卷数超过20卷的，应编制总目录卷。

5. 案卷页号的编写

1）编写页号应以独立卷为单位。在案卷内资料材料排列顺序确定后，均以有书写内容的页面编写页号。

2）每卷从阿拉伯数字1开始，用打号机或钢笔依次逐张连续标注页号，采用黑色、蓝色油墨或墨水。案卷封面、卷内目录和卷内备考表不编写页号。

3）页号编写位置：单面书写的文字材料页号编写在右下角，双面书写的文字材料页号正面编写在右下角，背面编写在左下角。

4）图纸折叠后无论何种形式，页号一律编写在右下角。

6. 工程资料案卷封面

工程资料案卷封面包括名称、案卷题名、编制单位、技术主管、编制日期（以上由移交单位填写）、保管期限、密级、共 册第 册等由档案接收部门填写。

1）名称：填写工程建设项目竣工后使用名称（或曾用名）。若本工程分为几个（子）单位工程应在第二行填写（子）单位工程名称。

2）案卷题名：填写本卷卷名。第一行按单位、专业及类别填写案卷名称；第二行填写案卷内主要资料内容提示。

3）编制单位：本卷档案的编制单位，并加盖公章。

4）技术主管：编制单位技术负责人签名或盖章。

5）编制日期：填写卷内资料形成的起止日期。

6）保管期限：由档案保管单位按照有关保管期限规定填写。

7）密级：由档案保管单位按照本单位的保密规定或有关规定填写。

7. 工程资料卷内备考表

工程资料卷内备考表的内容包括卷内文字材料张数、图样材料张数、照片张数等，立卷单位的立卷人、审核人及接收单位的审核人、接收人应签字，见表3-6。

表3-6 工程资料卷内备考表样例

工程资料备考表
本案卷已编号的文件材料工________张，其中：文字材料________张，图样材料________张，照片________张。 立卷单位对本案卷完整准确情况的审核说明：
保存单位的审核说明：

1）工程资料卷内备考表分为上下两栏，上一栏由立卷单位填写，下一栏由接收单位填写。

2）上栏应标明本案卷已编号资料的总张数：指文字、图样、照片等的张数。

3）审核说明填写立卷时资料的完整和质量情况，以及应归档而缺少的资料的名称和原因；立卷人由责任立卷人签名；审核人由案卷审查人签名；年月日按立卷、审核时间分别填写。

4）下栏由接收单位根据案卷的完整及质量情况标明审核意见。

5）技术审核人由接收单位工程档案技术审核人签名；档案接收人由接收单位档案管理接收人签名；年月日按审核、接收时间分别填写。

8. 案卷脊背编制

案卷脊背项目包括档号、案卷题名，由档案保管单位填写。城建档案的案卷脊背由城建档案馆填写。案卷脊背实例如下：

×××工程2008　　案卷题名：施工文件——建筑与结构工程卷（一）。

9. 案卷的规格与装订

（1）案卷规格要求　卷内资料、封面、目录、备考表统一采用A4幅（297mm×210mm）尺寸，图纸分别采用A_0（841mm×1189mm）、A_1（594mm×841mm）、A_2（420mm×594mm）、A_3（297mm×420mm）、A_4幅面。小于A_4幅面的资料要用A_4白纸衬托。

（2）案卷装具要求　案卷采用统一规格尺寸的装具。属于工程档案的文字、图样材料一律采用城建档案馆监制的硬壳卷夹或卷盒装置，外表尺寸为310mm（高）×220mm（宽），卷盒厚度尺寸分别为50mm、30mm两种，卷夹厚度尺寸为25mm。少量特殊的档案也可采用外表尺寸为310mm（高）×430mm（宽），厚度尺寸为50mm的装具案卷软（内）卷皮尺寸为297mm（高）×210mm（宽）。

（3）案卷装订

1）文字材料必须装订成册，图样材料可装订成册，也可散装存放。

2）装订时要剔除金属物，装订线一侧根据案卷薄厚加垫草板纸。

3）案卷用棉线在左侧三孔装订，棉线装订结打在背面。装订线距左侧20mm，上下两孔分别距中孔80mm。

4）装订时，必须将封面、目录、备考表、封底与案卷一起装订。图样散装在卷盒内时，需将其案卷封面、目录、备考表三件用棉线在左上角装订在一起。

课题4　声像技术制作工程档案

1. 总体要求

移交归档的声像档案资料，要能真实全面地反映工程面貌和建设情况，必备内容应当齐全；要按有关要求整理立卷，并填写声像档案著录卡。

2. 照片档案资料归档要求

1）照片应当主题明确，画面清晰完整，色彩还原准确，被摄主体不能有明显失真变形现象。

2）照片应一律洗印成5英寸至7英寸的彩色照片。

3）数码照片应当尽量使用不低于400万像素的数码相机拍摄。

4）照片整理时，应注明拍摄内容、时间、地点、人物等。

5）照片的数量视工程项目而定，一般不少于30张。

3. 录像档案资料归档要求

1）录像档案资料应当使用DV摄像机或比DV摄像机拍摄效果更好的机器拍摄。

2）录像档案资料应当主题明确、图像稳定、画面清晰、色彩真实。

3）录像带应当材质完好，没有变形、断裂、发霉及磁粉脱落现象。

4）录像档案资料片长一般不少于30分钟，并配有相应的文字说明。

5）专题录像片应当结构完整，片长一般为5～10分钟，并附有解说词稿。

4. 录音档案资料归档要求

1）录音档案资料应当内容完整、声音清楚、材质完好。

2）每盒录音带应当配有录音文字整理材料，注明内容、时间、地点、人物。

课题5　施工资料编号的原则及组成

1. 工程资料编号的原则

1）分部（子分部）工程代号参照（GB 50300—2001）的分部（子分部）工程划分原则与质量验收推荐表格编码要求，并结合施工资料类别编号特点制定。

2）建筑工程共分为九个分部工程，分部（子分部）工程划分及代号应符合（GB50300—2001）规定。

3）对于专业化程度高、施工工艺复杂、技术先进的子分部（分项）工程应分别单独组卷。须单独组卷的子分部（分项）工程名称及代号应符合表3-7的规定。

表3-7　应单独组卷子分部（分项）工程名称及代号参考表

序号	分部工程名称	分部工程代号	应单独组卷的子分部（分项）工程	应单独组卷的子分部（分项）工程代号
1	地基与基础	01	有支护土方	02
			地基（复合）	03
			桩基	04
			钢结构	09
2	主体结构	02	预应力	01
			钢结构	04
			木结构	05
			网架与索膜	06
3	建筑装饰装修	m	幕墙	07
4	建筑屋面	04	—	—

2. 施工资料编号的填写

1）施工资料编号应填入右上角的编号栏。

2）通常情况下，施工资料应有7位编号，即分部工程代号（2位）、资料类别编号（2位）和顺序号（3位），每部分之间用一字横线隔开。

编号形式如下：

××　—　××　—　×××　——→共7位编号
①　　　　②　　　　③

① 为分部工程代号（2位），应根据资料所属的分部工程填写。

② 为资料的类别编号（2位），应根据资料所属类别，按附录E（类别名称）规定的类别编号填写（C1～C7）。

③ 为顺序号（3 位），应根据相同表格、相同检查项目按时间自然形成的先后顺序号填写。

举例如下：

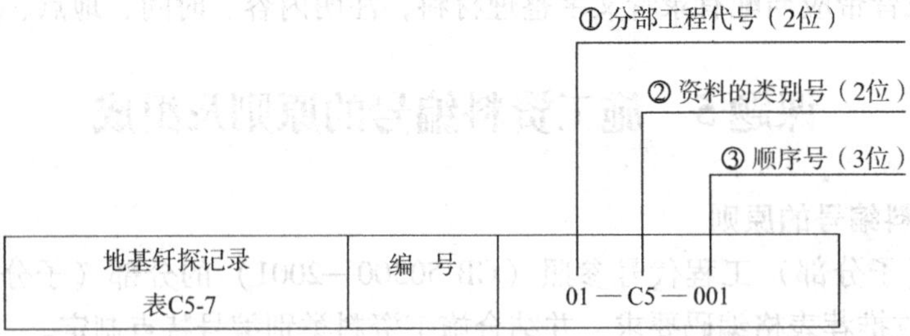

3）应单独组卷的子分部（分项）工程（见表 3-7），资料编号应为 9 位，即由分部工程代号（2 位）、子分部（分项）工程代号（2 位）、资料的类别编号（2 位）和顺序号（3 位）组成，每部分之间用一字横线隔开。

编号形式如下：

XX — XX — XX — XXX ——→共 9 位编号
①　　②　　③　　④

① 为分部工程代号（2 位），应根据资料所属的分部工程，按规定的代号填写。

② 为子分部（分项）工程代号（2 位），应根据资料所属的子分部（分项）工程，按规定的代号填写。

③ 为资料的类别编号（2 位），应根据资料所属类别，按附录 E（类别名称）规定的类别编号填编写 C1 ~ C7。

④ 为顺序号（共 3 位），应根据相同表格、相同检查项目按时间自然形成的先后顺序号填写。

举例如下：

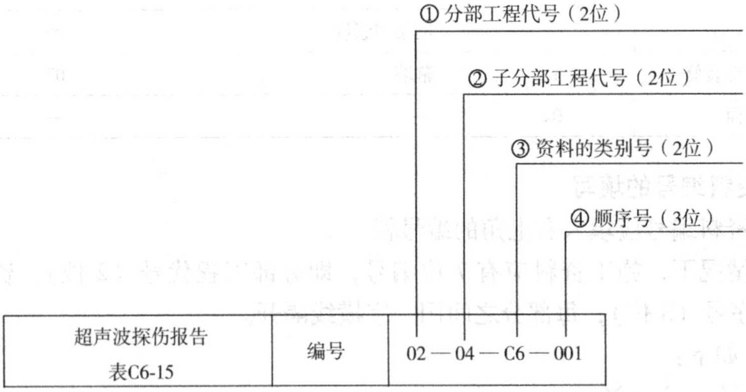

4）关于顺序号填写的原则。

① 对于施工专用表格，顺序号应按时间先后顺序，用阿拉伯数字从 001 开始连续标注。

② 对于同一施工表格（如隐蔽工程检查记录、预检记录等）涉及多个（子）分部工

程时，顺序号应根据（子）分部工程的不同，按（子）分部工程的各检查项目分别从001开始连续标注。

③ 无统一表格或外部提供的施工资料，应在资料的右上角注明编号，填写要求按照施工资料编号的要求填写。

3. 监理资料编号的填写

1）监理资料编号应填入右上角的编号栏。

2）对于相同的表格或相同的文件材料，应分别按自然形成的先后顺序从001开始连续标注。

3）监理资料中的施工测量放线报验表、工程物资进场报验表应根据报验内容编号，对于同类报验内容的报验表，应分别按自然形成的先后顺序从001开始连续标注。

实 训 报 告

根据资料编号的原则完成下列资料表格的编号练习。

隐蔽工程检查记录		编号	
工程名称			
隐检项目	门窗安装（预埋件锚固件或螺栓）	隐检日期	

隐蔽工程检查记录		编号	
工程名称			
隐检项目	吊顶安装（龙骨、吊件）	隐检日期	

隐蔽工程检查记录		编号	
工程名称			
隐检项目	轻质隔墙安装（预埋件、连接件或拉结筋）	隐检日期	

单元4　工程资料和工程档案的验收与移交

课题1　工程资料和工程档案的验收

1. 工程资料和工程档案的验收要求

1）工程竣工验收前，各参建单位的主管（技术）负责人应对本单位形成的工程资料进行竣工审查；建设单位应按照国家验收规范规定和城建档案管理的有关要求，对勘察、设计、监理、施工单位汇总的工程资料进行验收，使其完整、准确。

2）单位（子单位）工程完工后，施工单位应自行组织有关人员进行检查评定，合格后填写单位工程竣工预验收报验表，并附相应的竣工资料（包括分包单位的竣工资料）报项目监理部，申请工程竣工预验收。总监理工程师组织项目监理部人员与施工单位进行检查验收，合格后总监理工程师签署单位工程竣工预验收报验表。

3）单位工程竣工预验收通过后，应由建设单位（项目）负责人组织设计、监理、施工（含分包单位）等单位（项目）负责人进行单位（子单位）工程验收，形成单位（子单位）工程质量竣工验收记录表，当参加验收各方对工程质量验收意见不一致时，可请当地建设行政主管部门或工程质量监督机构协调处理。

4）国家、市重点工程项目或大型工程项目的预验收和验收会，应有城建档案馆参加验收。

5）属于城建档案馆接收范围的工程档案，还应由城建档案管理部门对工程档案资料进行预验收，并出具建设工程竣工档案预验收意见。

6）凡列入城建档案馆接收范围的工程档案，经城建档案馆验收不合格的，应由城建档案馆责成建设单位重新进行编制，符合要求后重新报送。

［能力训练］参考绪论图0-7（工程验收资料管理流程图）以及前面的1）~6）项内容，画出某市市政府办公大楼建设项目（划分为一个单位工程，工程档案需由该市城建档案馆接收）的工程资料验收流程图。

训练思考：如果工程档案资料经城建档案馆预验收不合格，需要建设单位重新进行编制，这一过程在流程图中如何体现？

2. 向市城建档案馆报送工程档案的工程范围（以北京市为例）

（1）民用建筑

1）居住建筑。

① 投资500万元以上的多高层高等住宅、公寓。

② 投资500万元以下的处于主要规划路（干道、次干道）两侧和广场周围的住宅。

③ 具有古建等民族特色、有保存价值的住宅。

2）政治性、纪念性建筑：如大型会堂、纪念碑、纪念塔、纪念馆、纪念堂、名人故居等。

3）旅游建筑：如中级以上的旅馆、宾馆、饭店、招待所、公寓和写字楼等。

4）外事建筑：如大使馆、外交公寓、国际俱乐部、大中型友谊商店等。

5）科技建筑：如大中型科研建筑、科技中心、情报中心、信息中心等。

6）文教、宣传、出版建筑：如大中型文化宫、俱乐部、少年宫、图书馆、档案馆、博物馆、科技馆、展览馆、展览中心、美术馆、文娱游乐场、公园、文化中心、艺术中心、出版社、高校教学楼、非标准化设计的中学、小学、中等专业学校、高标准的托幼和其他具有现代化教育设施的建筑等。

7）体育设施建筑：如大中型体育场、大中型体育馆、游泳馆、体育中心、训练基地等。

8）医疗卫生建筑：如大中型综合医院、专科医院、门诊部（楼）、中高级疗养院、大中型康复中心、药物检测中心、防疫站、养老院等。

9）办公建筑：如中央和北京市国家机关、各部委、总局、群众团体和经贸团体、事业单位及军队军以上机关的办公楼或带有通信指挥设施的行政指挥中心等。

10）商业服务业建筑：如大中型市场、商场、贸易中心、购物中心、百货公司、信托公司、大中型食品街、商业街等。

11）影剧院建筑：如大中型电影院、剧院（场）、舞厅、音乐厅等。

12）邮电通信建筑：如区级以上的邮政、电信（电报、电话）业务建筑等。

13）广播电视建筑：如广播大厦、电台、电视台、电视制作中心、电视塔、卫星地面站等。

14）金融保险建筑：如大中型银行、保险公司、金融中心等。

15）交通运输建筑：如航空港、候机楼、火车站、长途汽车站、码头，以及停车楼、地下汽车库等。

16）古建、园林建筑：如市级、国家级重点保护的古建、园林建筑、恢复重建的古建筑、仿古建筑等。

17）主要规划路（主干道、次干道）两侧和广场周围的永久性公共建筑。

18）国外资助、外国投资、中外合资兴建的大中型楼、堂、馆、所等建筑。

（2）工业建筑

1）工业类建筑。

① 冶金工业：如钢铁厂、轧钢厂、有色金属冶炼厂、加工厂等。

② 机械工业：如机械厂、机床厂、汽车制造厂、大型修理厂等。

③ 电子工业：如计算机厂、电视机厂、电子仪器厂、机电设备厂等。

④ 石化工业：如炼油厂、化工厂、橡胶厂、塑料厂、化肥厂等。

⑤ 轻纺工业：各种轻纺产品生产厂，如电冰箱厂、洗衣机厂、空调器厂、造纸厂、

纺织厂、针织厂、印染厂、文化用品和厨房用具加工厂等。

⑥ 建材工业：如水泥厂、大型砖瓦厂、玻璃厂、保温防火材料厂、建材试验厂等。

⑦ 食品工业：包括各种粮、油食品加工厂、制作厂、烟酒饮料加工厂等。

⑧ 医药工业：如制药厂、制剂厂、卫生保健用品加工厂等。

⑨ 矿山：包括黑色金属、有色金属和非金属矿，如铁矿、铅矿、煤矿、采石场等。

⑩ 工业仓库：包括工厂、矿山的大中型仓库。

2）公用工程设施建筑。

① 给水：水源厂、配水厂等。

② 排水：污水处理厂（场）等。

③ 热力：供热厂、热力交换站（点）、锅炉房等。

④ 燃气：煤气厂、天然气储备厂、液化石油气灌瓶站、燃气调压站等。

⑤ 电力：热力发电厂、水力发电厂、核能发电厂、蓄能电站、变电站、开闭所、配电室。

⑥ 卫生设施：垃圾场站、垃圾处理厂、公共厕所等。

(3) 改建、扩建工程建筑　凡 (1) 和 (2) 中所包含的民用建筑和工业建筑进行较大规模的改建和扩建、抗震加固措施等均应报送改建、扩建工程竣工档案。

[能力训练] 以下哪几项工程需要向市城建档案馆报送工程档案？

A. 某小学的一栋新建教学楼 B. 小明家的新建住宅（据说花了10万元）C. 黄山景区新建的一家三星级酒店项目 D. 某中学的教师集资建设的住宅（总造价450万元）E. 小王家的住宅改建工程 F. 小刘家的住宅改建工程（原住宅为保存较完好的前清时期建筑，属该地区重点文物）G. 某村的主干道路修建工程 H. 某村村外的明长城遗址修复工程 I. 某乡集资建设的粮食加工厂 J. 某小区附近的垃圾站 K. 天安门城楼修缮工程

训练思考：假如我校的建筑都要重新修建，都有哪些工程项目需要向市城建档案馆报送工程档案？

课题2　工程档案移交

施工、监理等有关单位应将工程资料按合同或协议约定的时间、套数移交给建设单位，办理移交手续。

凡列入城建档案馆接收范围的工程档案，竣工验收通过后3个月内，建设单位将汇总后的全部工程档案移交城建档案馆并办理移交手续。推迟报送日期，应在规定报送时间内向城建档案馆申请延期报送，并申明延期报送的原因，经同意后办理延期报送手续。

城市建设档案移交目录见表4-1，城市建设档案移交书见图4-1。

表4-1　城市建设档案移交目录

序号	工程项目名称	案卷题名	形成年代	数量						备注
				文字材料		图样材料		综合卷		
				册	张	册	张	册	张	

注：综合卷指文字和图样材料混装的案卷。

城市建设档案移交书

________________向×××城市建设档案馆移交________________档案共计________

册。其中：图样材料________册，文字材料________册，其他材料________

张(　　)。

附：城市建设档案移交目录一式三份，共　　　张。

移交单位：　　　　　　　　接收单位：

单位负责人：　　　　　　　单位负责人：

移交人：　　　　　　　　　接受人：

移交日期：　　　　　　　　年　　月

图4-1　城市建设档案移交书

已验收合格的资料整理后，要按城建档案馆的要求填写移交目录，“序号”栏：填写阿拉伯数字1，2…；“工程项目名称”栏：填写该工程名称，如××大厦；“案卷题名”栏：填写施工文件（如建筑与结构工程）；“形成年代”栏：填写该卷资料的形成年代；“文字材料”栏：填写每卷材料的册数（如果有分卷填写分卷册数，无分卷填写一册），“张”指的是文字材料的张数；“图样材料”指的是图样材料。当图样材料和文字材料混合装订时填写“综合卷”；当图样材料和文字材料分别装订时，“综合卷”栏不填写。

城市建设档案移交书的填写方法如下：×××单位向×××城市建设档案馆移交×××工程档案共计×册。其中：图样材料×册，文字材料×册，其他材料×张，后边附三份移交目录，移交目录、移交书和移交档案的数量应一致，接交双方单位的负责人、接交人应签字。

单元5 施工技术资料计算机管理

计算机管理因为具有传统管理模式所无法比拟的优势，近年来在建筑业中得到了长足发展，具体应用包括现场准备阶段、实施阶段以及最后的竣工验收、投入使用阶段中各种层次各方面管理工作。

《建筑工程资料管理规程》（DBJ 01—51—2003）中提出施工技术资料的形成、整理和归档过程应采用计算机管理，逐步以微缩品和光盘载体取代纸质载体。尤其是对参与各类规范化施工管理及参与政府、社会评选的重点工程项目的技术资料更应采用光盘载体来对资料进行储存，因为采用这些电子化存储方式可以节省空间，更利于检索、查询。因此，施工单位、项目部应尽早配备必要的硬件设备和软件以适应新的资料管理规程的要求，同时采用计算机对工程进行项目管理，本身也能体现项目管理水平的先进性、高效性，从而提高企业的综合竞争力。

工程资料整理过程本身存在着许多重复性的工作，有时还需繁琐的计算，比如技术交底、安全交底以及混凝土强度评定等，利用计算机软件来处理这类事情就会变得非常容易。运用软件技术能够减少其中的很多重复劳动，使资料管理的大部分工作自动化、智能化，最大程度地减少输入及编辑工作量，比如各种施工记录的表格填写、计算、统计以及查询等许多工作，最终形成电子文档，这样也就大幅度地提高工作效率，使技术人员从繁琐的手工填写、整理表格等工作中解脱出来，节省了很多劳动力。如今建筑行业竞争日趋激烈，如何加强管理、降低成本等是诸多项目管理者的共同问题，而计算机的应用将大大节约管理成本。

总之，对工程资料的数字化管理是一种时代潮流，也是一种发展的方向，同时它也确实给资料管理带来了极大的方便和效益，尤其是电子签章的出现以及将来对其应用的普及，建筑工程资料管理必定会实现以电子载体为主体的电子化资料形式，并实现网络传递与监管的完全电子信息化。

目前，全国多数省份及地区都根据国家相关法律、法规及当地规程规定编制出了多种版本的建筑工程资料管理软件，它们都具有各自的优势，同时又有一些不方便之处，大家在工程资料管理中，可根据需要选择不同的版本应用。

本书以康建大公司编制的建筑工程施工管理资料软件为例，说明建筑工程资料管理软件的应用。

课题1 软件安装与启动

1. 软件安装

该软件对计算机的软硬件要求较低，586以上的主机、800×600以上显示器、配微软的 Win95/98/ME/NT/2000/XP/2003Server 等操作系统均可正常运行。

本软件的安装完全按“通用”方式设计，熟悉计算机的用户可直接从光盘安装软件，具体步骤如下：

光盘→光驱→自动弹出安装界面→连续单击回车键

将软件光盘放入计算机的光驱中，稍等片刻，安装程序会自动运行（图5-1），提示用户是否进行本软件的安装，此时选择“退出”按钮，则不安装，退出；选择“软件安装”按钮，程序进入安装界面。在安装过程中有几次选择提示，建议直接单击回车键，软件就可安装好。不必重启计算机，马上就可以使用。

图5-1 安装程序界面

2. 软件启动

软件的启动按通用模式设计，安装完毕后，从桌面双击本软件的图标，或从“开始”→“程序”中查找本软件并单击即可启动。

“开始”→“程序”→“仪康软件”→“北京建筑工程资料管理系统”

图5-2是第一次启动后的界面，附各部分的功能说明。此时单击“增加工程”，就可以依照提示来建立一份资料表格，然后进行编辑打印。

图5-2中，整个软件窗口分为左右两部分，左边为表格管理区，可看到目录窗口、开关模板选择框和按钮组；右边为编辑区，除了页面显示窗口之外，还有一个编辑工具条。

表格编辑区：对资料表格进行页面编辑、浏览操作，工具条提供窗口展开\恢复、资料打印、绘简图、字体更改、字号更改、字型调整（加粗\斜体\下划线）、水平居中调整、

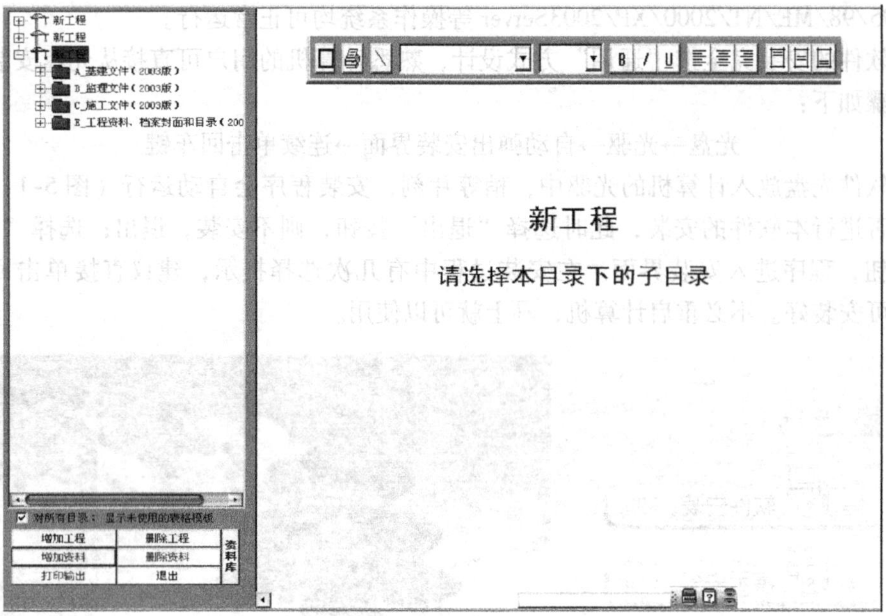

图 5-2　第一次启动后的界面

垂直居中调整、特殊符号等快捷功能。

课题 2　软件的基本使用过程

软件的使用过程可分为：增加工程→选取表式→增加资料→编辑资料→打印输出五大步骤。

1. 增加工程

软件初次启动后，可看到图 5-1 所示的窗口，单击图 5-2 左下角的“增加工程”按钮后，显示图 5-3 所示的对话框。

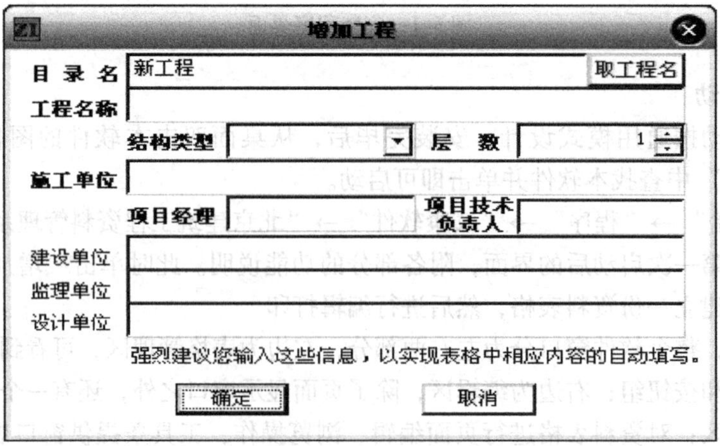

图 5-3　“增加工程”对话框

在图5-3中填入相应工程信息后，直接单击“确定”，则软件会新建一个“新工程”，并在其下建立各种表格的分类表，如图5-4所示。

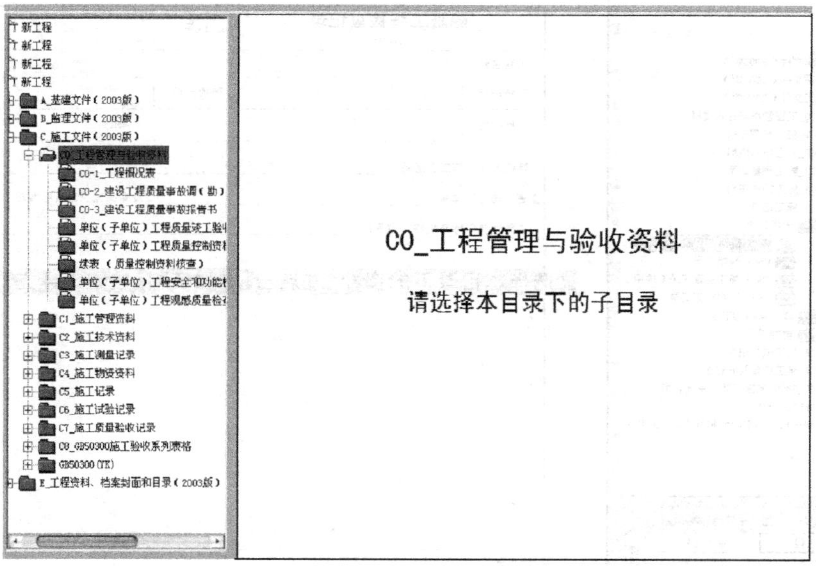

图5-4 “新工程”下各种表格的分类表

2. 选取表式

用鼠标选择图5-4左边部分的“施工文件”，此时页面窗口会提示施工文件的多个主要内容（C0～C7），展开所要求的内容，如“施工记录”，如图5-5所示。

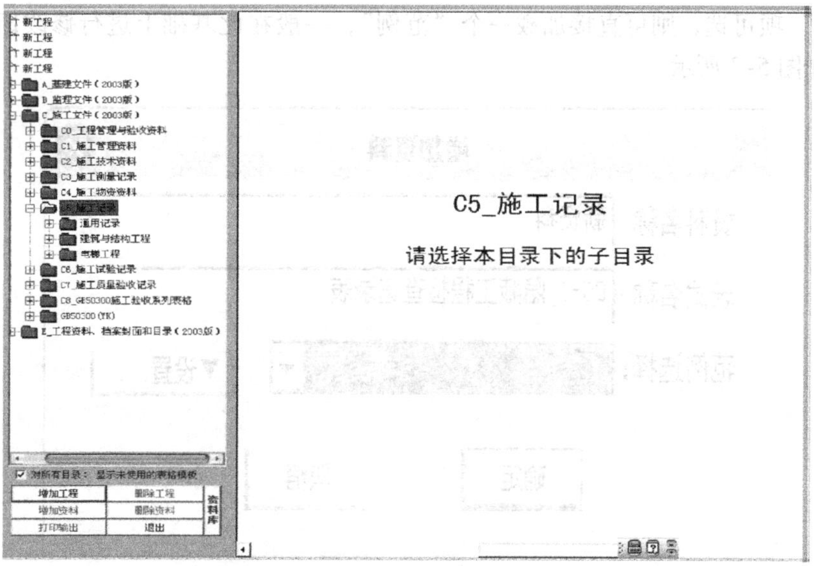

图5-5 展开“施工记录”

用鼠标单击要选择的项，如“施工记录”，则该目录会展开，再单击“通用记录”，则会展现所需要的表格，如图 5-6 所示。

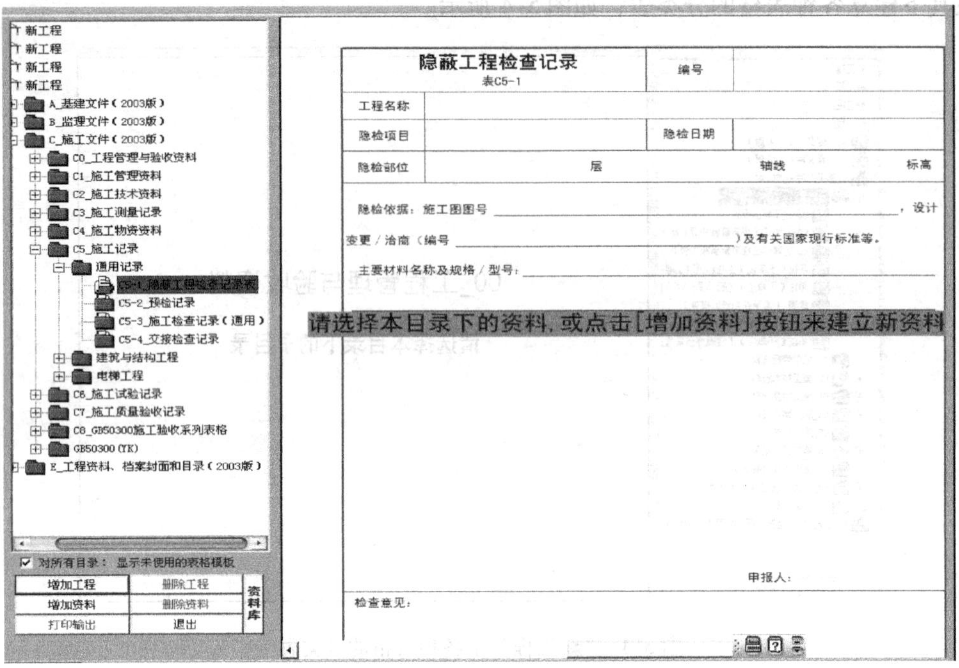

图 5-6　展开“通用记录”

3. 增加资料

依照提示单击图 5-6 左下角的“增加资料”按钮，弹出图 5-7 所示的窗口。如果“范例选择”项可选，则可直接加载一个“范例”，一般在此基础上进行修改即可完成一份资料，如图 5-7 所示。

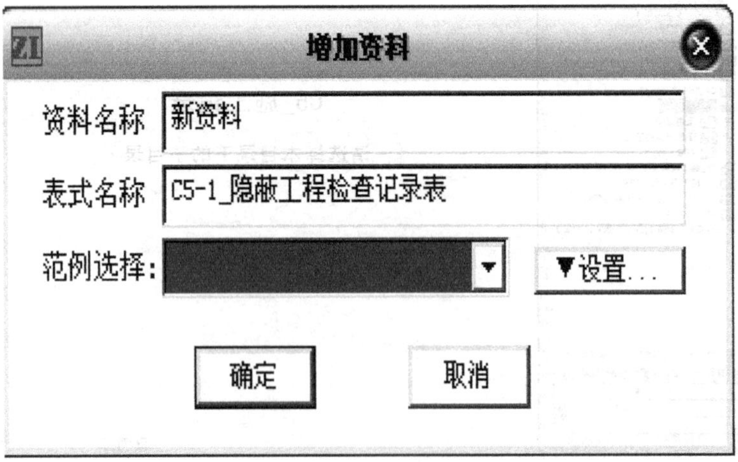

图 5-7　“增加资料”窗口

单击“确定”按钮，则“隐蔽工程检查记录表”目录下面增加一个“新资料”，同时弹出编辑工具条，这时就进入了资料页面的录入编辑状态，如图5-8所示。

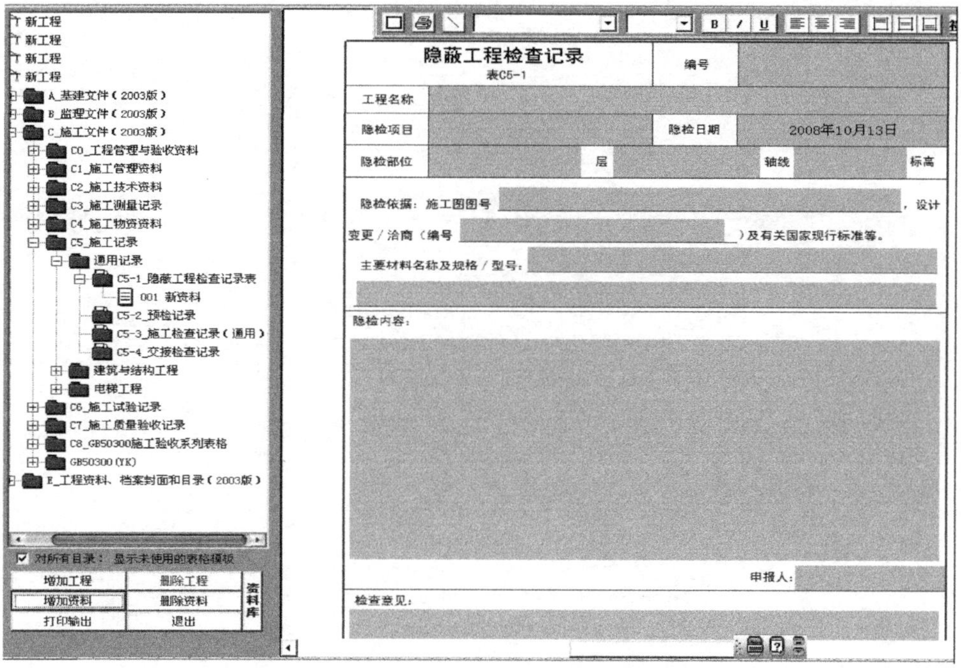

图5-8 资料页面的录入编辑状态

4. 编辑资料

现在各个空白处就可以输入文字，并进行字体、字号及居中等位置调整。本软件的编辑方法基本与Word相同，如果熟悉Word软件，就可直接操作。

5. 打印输出

单击“打印输出”按钮，则显示出打印对话框。其中“打印份数”是要设置打印多少份。设置完毕，单击“确定”按钮，则开始打印。

该软件的打印，自动选用计算机的“默认打印机”。如果计算机上没有安装打印机，该软件会报错。“表格套打”功能选择后，则只打印所填写的内容，其他内容不打印。“左边距”、“上边距”可调整输出版心的位置，以便于装订。“恢复默认值”可以在调整后恢复到系统默认的状态。

附　　录

附录A　主要施工资料表格形式

表 A-1　工程概况表

工程概况表 表 C0-1			编号	
一般情况	工程名称		建设单位	
	建设用途		设计单位	
	建设地点		监理单位	
	总建筑面积		施工单位	
	开工日期		竣工日期	
	结构类型		基础类型	
	层数		建筑檐高	
	地上面积		地下室面积	
	人防等级		抗震等级	
构造特征	地基与基础			
	柱、内外墙			
	梁、板、楼盖			
	外墙装饰			
	内墙装饰			
	楼地面装饰			
	屋面构造			
	防火设备			
机电系统名称				
其他				

注：本表由施工单位填写，施工单位、城建档案馆各保存一份。

表 A-2　建设工程质量事故调（勘）查记录（调查人填写）

建设工程质量事故调（勘）查记录 表 C0-2		编号		
工程名称		日期		
调（勘）查时间	年　月　日　时　分至　时　分			
调（勘）查地点				
参加人员	单位	姓名	职务	电话
被调查人				
陪同调（勘）查人员				
调（勘）查笔录				
现场证物照片	□有　□无　共　张　共　页			
事故证据资料	□有　□无　共　张　共　页			
被调查人签字		调（勘）查人		

注：本表由调查人填写，各有关单位保存一份。

表 A-3　建设工程质量事故调（勘）查记录（报告人填写）

建设工程质量事故调（勘）查记录 表 C0-3		编号	
工程名称		建设地点	
建设单位		设计单位	
施工单位		建筑面积/m^2 工作量/元	
结构类型		事故发生时间	
上报时间		经济损失/元	
事故经过、后果与原因分析：			
事故发生后采取的措施：			
事故责任单位、责任人及处理意见：			

负责人		报告人		日期	

注：本表由报告人填写，各有关单位保存一份。

表 A-4 施工现场质量管理检查记录

<table>
<tr><td colspan="3">施工现场质量管理检查记录
表 C1-1</td><td>编号</td><td colspan="2"></td></tr>
<tr><td>工程名称</td><td colspan="5"></td></tr>
<tr><td>开工日期</td><td colspan="2"></td><td>施工许可证（开工证）</td><td colspan="2"></td></tr>
<tr><td>建设单位</td><td colspan="2"></td><td>项目负责人</td><td colspan="2"></td></tr>
<tr><td>设计单位</td><td colspan="2"></td><td>项目负责人</td><td colspan="2"></td></tr>
<tr><td>监理单位</td><td colspan="2"></td><td>总监理工程师</td><td colspan="2"></td></tr>
<tr><td>施工单位</td><td></td><td>项目经理</td><td></td><td>项目技术负责人</td><td></td></tr>
<tr><td>序　号</td><td colspan="2">项　　目</td><td colspan="3">内　　容</td></tr>
<tr><td>1</td><td colspan="2">现场质量管理制度</td><td colspan="3"></td></tr>
<tr><td>2</td><td colspan="2">质量责任制</td><td colspan="3"></td></tr>
<tr><td>3</td><td colspan="2">主要专业工种操作上岗证书</td><td colspan="3"></td></tr>
<tr><td>4</td><td colspan="2">分包方资质与分包单位的管理制度</td><td colspan="3"></td></tr>
<tr><td>5</td><td colspan="2">施工图审查情况</td><td colspan="3"></td></tr>
<tr><td>6</td><td colspan="2">地质勘察资料</td><td colspan="3"></td></tr>
<tr><td>7</td><td colspan="2">施工组织设计、施工方案及审批</td><td colspan="3"></td></tr>
<tr><td>8</td><td colspan="2">施工技术标准</td><td colspan="3"></td></tr>
<tr><td>9</td><td colspan="2">工程质量检验制度</td><td colspan="3"></td></tr>
<tr><td>10</td><td colspan="2">搅拌站及计量设置</td><td colspan="3"></td></tr>
<tr><td>11</td><td colspan="2">现场材料、设备存放与管理</td><td colspan="3"></td></tr>
<tr><td colspan="6">检查结论：
总监理工程师
（建设单位项目负责人）　　　　年　　月　　日</td></tr>
</table>

注：本表由施工单位填写，施工单位、监理单位各保存一份。

表 A-5 施工日志

<table>
<tr><td colspan="3">施工日志
表 C1-2</td><td>编号</td><td colspan="2"></td></tr>
<tr><td></td><td>天气状况</td><td>风力</td><td>最高/最低温度</td><td colspan="2">备注</td></tr>
<tr><td>白天</td><td></td><td></td><td></td><td colspan="2"></td></tr>
<tr><td>夜间</td><td></td><td></td><td></td><td colspan="2"></td></tr>
<tr><td colspan="6">施工情况记录（施工部位、施工内容、机械作业、班组工作、生产存在问题等）</td></tr>
<tr><td colspan="6">技术质量安全工作记录（技术质量安全活动、检查评定验收、技术质量安全问题等）</td></tr>
<tr><td>记录人</td><td></td><td>日期</td><td colspan="3">年　月　日　星期</td></tr>
</table>

注：本表由施工单位填写并保存。

表 A-6 技术交底记录

<table>
<tr><td colspan="2">技术交底记录
表 C2-1</td><td colspan="2">编号</td><td colspan="2"></td></tr>
<tr><td>工程名称</td><td colspan="2"></td><td>交底日期</td><td colspan="2"></td></tr>
<tr><td>施工单位</td><td colspan="2"></td><td>分项工程名称</td><td colspan="2"></td></tr>
<tr><td>交底提要</td><td colspan="5"></td></tr>
<tr><td colspan="6">交底内容</td></tr>
<tr><td>审核人</td><td></td><td>交底人</td><td></td><td>接受交底人</td><td></td></tr>
</table>

注：1. 本表由施工单位填写，交底单位与接受交底单位各保存一份。

2. 当进行分项工程施工技术交底时，应填写“分项工程名称”栏，其他技术交底可不填写。

表 A-7　图样会审记录

<table>
<tr><td colspan="2">图样会审记录
表 C2-2</td><td colspan="2">编号</td><td colspan="2"></td></tr>
<tr><td>工程名称</td><td colspan="2"></td><td>日期</td><td colspan="2"></td></tr>
<tr><td>地点</td><td colspan="2"></td><td>专业名称</td><td colspan="2"></td></tr>
<tr><td>序　　号</td><td>图　　号</td><td colspan="2">图 样 问 题</td><td colspan="2">图样问题交底</td></tr>
<tr><td></td><td></td><td colspan="2"></td><td colspan="2"></td></tr>
<tr><td rowspan="2">签字栏</td><td>建设单位</td><td>监理单位</td><td colspan="2">设计单位</td><td>施工单位</td></tr>
<tr><td></td><td></td><td colspan="2"></td><td></td></tr>
</table>

注：1. 由施工单位整理、汇总，建设单位、监理单位、施工单位、城建档案馆各保存一份。

2. 图样会审记录应根据专业（建筑、结构、给排水及采暖、电气、通风空调、智能系统等）汇总、整理。

3. 设计单位应由专业设计负责人签字，其他相关单位应由项目技术负责人或相关专业负责人签认。

表 A-8　设计变更通知单

<table>
<tr><td colspan="5">设计变更通知单
表 C2-3</td><td></td></tr>
<tr><td colspan="2">工程名称</td><td colspan="2"></td><td>专业名称</td><td></td></tr>
<tr><td colspan="2">设计单位名称</td><td colspan="2"></td><td>日期</td><td></td></tr>
<tr><td>序　号</td><td colspan="2">图　号</td><td colspan="3">变 更 内 容</td></tr>
<tr><td></td><td colspan="2"></td><td colspan="3"></td></tr>
<tr><td rowspan="2">签字栏</td><td colspan="2">建设（监理）单位</td><td colspan="2">设计单位</td><td>施工单位</td></tr>
<tr><td colspan="2"></td><td colspan="2"></td><td></td></tr>
</table>

注：1. 本表由建设单位、监理单位、施工单位、城建档案馆各保存一份。

2. 涉及图样修改的，必须注明应修改图样的图号。

3. 不可将不同专业的设计变更办理在同一份变更上。

4. “专业名称”栏应按专业填写，如建筑、结构、给排水、电气、通风空调等。

表 A-9 工程洽商记录

<table>
<tr><td colspan="3">工程洽商记录
表 C2-4</td><td>编号</td><td colspan="2"></td></tr>
<tr><td colspan="2">工程名称</td><td></td><td>专业名称</td><td colspan="2"></td></tr>
<tr><td colspan="2">提出单位名称</td><td></td><td>日期</td><td colspan="2"></td></tr>
<tr><td colspan="2">内容摘要</td><td colspan="4"></td></tr>
<tr><td>序号</td><td>图号</td><td colspan="4">洽商内容</td></tr>
<tr><td></td><td></td><td colspan="4"></td></tr>
<tr><td rowspan="2">签字栏</td><td>建设单位</td><td>监理单位</td><td>设计单位</td><td colspan="2">施工单位</td></tr>
<tr><td></td><td></td><td></td><td colspan="2"></td></tr>
</table>

注：1. 本表由建设单位、监理单位、施工单位、城建档案馆各保存一份。
2. 涉及图样修改的必须注明应修改图样的图号。
3. 不可将不同专业的工程洽商办理在同一份洽商上。
4. “专业名称”栏应按专业填写，如建筑、结构、给排水、电气、通风空调等。

表 A-10 工程定位测量记录

<table>
<tr><td colspan="2">工程定位测量记录
表 C3-1</td><td>编号</td><td></td></tr>
<tr><td>工程名称</td><td></td><td>委托单位</td><td></td></tr>
<tr><td>图样编号</td><td></td><td>施测日期</td><td></td></tr>
<tr><td>平面坐标依据</td><td></td><td>复测日期</td><td></td></tr>
<tr><td>高程依据</td><td></td><td>使用仪器</td><td></td></tr>
<tr><td>允许误差</td><td></td><td>仪器校验日期</td><td></td></tr>
<tr><td colspan="4">定位抄测示意图</td></tr>
<tr><td colspan="4">复测结果</td></tr>
</table>

<table>
<tr><td rowspan="3">签字栏</td><td rowspan="2">建设（监理）单位</td><td>施工（测量）单位</td><td></td><td>测量人员
岗位证书号</td><td></td></tr>
<tr><td>专业技术负责人</td><td>测量负责人</td><td>复测人</td><td>施测人</td></tr>
<tr><td></td><td></td><td></td><td></td><td></td></tr>
</table>

注：本表由建设单位、监理单位、施工单位、城建档案馆各保存一份。

表 A-11　基槽验线记录

<table>
<tr><td colspan="3">基槽验线记录
表 C3-2</td><td>编号</td><td></td></tr>
<tr><td>工程名称</td><td colspan="2"></td><td>日期</td><td></td></tr>
<tr><td colspan="5">验线依据及内容</td></tr>
<tr><td colspan="5">基槽平面、剖面简图</td></tr>
<tr><td colspan="5">检查意见</td></tr>
<tr><td rowspan="3">签字栏</td><td rowspan="2">建设（监理）单位</td><td>施工（测量）单位</td><td colspan="2"></td></tr>
<tr><td>专业技术负责人</td><td>专业质检员</td><td>施测人</td></tr>
<tr><td></td><td></td><td></td><td></td></tr>
</table>

注：本表由建设单位、施工单位、城建档案馆各保存一份。

表 A-12 楼层平面放线记录

<table>
<tr><td colspan="3">楼层平面放线记录
表 C3-3</td><td colspan="2">编号</td><td colspan="2"></td></tr>
<tr><td>工程名称</td><td colspan="2"></td><td colspan="2">日期</td><td colspan="2"></td></tr>
<tr><td>放线部位</td><td colspan="2"></td><td colspan="2">放线内容</td><td colspan="2"></td></tr>
<tr><td colspan="7">放线依据</td></tr>
<tr><td colspan="7">放线简图</td></tr>
<tr><td colspan="7">检查意见</td></tr>
<tr><td rowspan="3">签字栏</td><td rowspan="2">建设（监理）单位</td><td colspan="2">施工单位</td><td colspan="3"></td></tr>
<tr><td colspan="2">专业技术负责人</td><td colspan="2">专业质检员</td><td>施测人</td></tr>
<tr><td></td><td colspan="2"></td><td colspan="2"></td><td></td></tr>
</table>

注：本表由施工单位填写并保存。

表 A-13　楼层标高抄测记录

<table>
<tr><td colspan="2">楼层标高抄测记录
表 C3-4</td><td>编号</td><td colspan="2"></td></tr>
<tr><td>工程名称</td><td></td><td>日期</td><td colspan="2"></td></tr>
<tr><td>抄测部位</td><td></td><td>抄测内容</td><td colspan="2"></td></tr>
<tr><td colspan="5">抄测依据</td></tr>
<tr><td colspan="5">抄测说明</td></tr>
<tr><td colspan="5">检查意见</td></tr>
<tr><td rowspan="3">签字栏</td><td rowspan="2">建设（监理）单位</td><td>施工单位</td><td colspan="2"></td></tr>
<tr><td>专业技术负责人</td><td>专业质检员</td><td>施测人</td></tr>
<tr><td></td><td></td><td></td><td></td></tr>
</table>

注：本表由施工单位填写并保存。

表 A-14 材料、构配件进场检验记录

<table>
<tr><td colspan="5">材料、构配件进场检验记录
表 C4-1</td><td colspan="2">编号</td><td></td></tr>
<tr><td colspan="2">工程名称</td><td colspan="3"></td><td colspan="2">检验日期</td><td></td></tr>
<tr><td rowspan="2">序号</td><td rowspan="2">名称</td><td rowspan="2">规格型号</td><td rowspan="2">进场数量</td><td>生产厂家</td><td rowspan="2">检验项目</td><td rowspan="2">检验结果</td><td rowspan="2">备注</td></tr>
<tr><td>合格证号</td></tr>
<tr><td></td><td></td><td></td><td></td><td></td><td></td><td></td><td></td></tr>
<tr><td></td><td></td><td></td><td></td><td></td><td></td><td></td><td></td></tr>
<tr><td></td><td></td><td></td><td></td><td></td><td></td><td></td><td></td></tr>
<tr><td></td><td></td><td></td><td></td><td></td><td></td><td></td><td></td></tr>
<tr><td></td><td></td><td></td><td></td><td></td><td></td><td></td><td></td></tr>
<tr><td></td><td></td><td></td><td></td><td></td><td></td><td></td><td></td></tr>
<tr><td></td><td></td><td></td><td></td><td></td><td></td><td></td><td></td></tr>
<tr><td></td><td></td><td></td><td></td><td></td><td></td><td></td><td></td></tr>
<tr><td></td><td></td><td></td><td></td><td></td><td></td><td></td><td></td></tr>
<tr><td></td><td></td><td></td><td></td><td></td><td></td><td></td><td></td></tr>
<tr><td colspan="8">检验结论</td></tr>
</table>

<table>
<tr><td rowspan="3">签字栏</td><td rowspan="2">建设（监理）单位</td><td>施工单位</td><td colspan="2"></td></tr>
<tr><td>专业质检员</td><td>专业工长</td><td>检验员</td></tr>
<tr><td></td><td></td><td></td><td></td></tr>
</table>

注：本表由施工单位填写并保存。

表 A-15 设备开箱检验记录

<table>
<tr><td colspan="3">设备开箱检验记录
表 C4-3</td><td colspan="2">编号</td><td colspan="2"></td></tr>
<tr><td colspan="2">设备名称</td><td></td><td colspan="2">检查日期</td><td colspan="2"></td></tr>
<tr><td colspan="2">规格型号</td><td></td><td colspan="2">总数量</td><td colspan="2"></td></tr>
<tr><td colspan="2">装箱单号</td><td></td><td colspan="2">检验数量</td><td colspan="2"></td></tr>
<tr><td rowspan="5">检验记录</td><td>包装情况</td><td colspan="5"></td></tr>
<tr><td>随机文件</td><td colspan="5"></td></tr>
<tr><td>备件与附件</td><td colspan="5"></td></tr>
<tr><td>外观情况</td><td colspan="5"></td></tr>
<tr><td>测试情况</td><td colspan="5"></td></tr>
<tr><td rowspan="9">检验结果</td><td colspan="6">缺、损附备件明细表</td></tr>
<tr><td>序号</td><td>名称</td><td>规格</td><td>单位</td><td>数量</td><td>备注</td></tr>
<tr><td></td><td></td><td></td><td></td><td></td><td></td></tr>
<tr><td></td><td></td><td></td><td></td><td></td><td></td></tr>
<tr><td></td><td></td><td></td><td></td><td></td><td></td></tr>
<tr><td></td><td></td><td></td><td></td><td></td><td></td></tr>
<tr><td></td><td></td><td></td><td></td><td></td><td></td></tr>
<tr><td></td><td></td><td></td><td></td><td></td><td></td></tr>
<tr><td></td><td></td><td></td><td></td><td></td><td></td></tr>
<tr><td colspan="7">结论</td></tr>
<tr><td rowspan="2">签字栏</td><td>建设（监理）单位</td><td colspan="2">施工单位</td><td colspan="3">供应单位</td></tr>
<tr><td></td><td colspan="2"></td><td colspan="3"></td></tr>
</table>

注：本表由施工单位填写并保存。

表 A-16 设备及管道附件试验记录

设备及管道附件试验记录 表 C4-4					编号			
工程名称					使用部位			
设备/管道附件名称	型号	规格	编号	介质	强度试验		严密性试验/MPa	试验结果
					压力/MPa	停压时间		
施工单位			试验人员			试验日期		

注：本表由施工单位填写，建设单位、施工单位各保存一份。

表 A-17　半成品钢筋出厂合格证

半成品钢筋出厂合格证 表 C4-5					编号		
工程名称					合格证编号		
委托单位					钢筋种类		
供应总量/kg			加工日期			供货日期	
序号	级别规格	供应数量/kg	进货日期	生产厂家	原材料报告编号	复试报告编号	使用部位
备注							
供应单位技术负责人			填表人			供应单位名称 （盖章）	
填表日期							

注：本表由半成品钢筋供应单位提供，建设单位、施工单位各保存一份。

表 A-18　预制混凝土构件出厂合格证

<table>
<tr><td colspan="4">预制混凝土构件出厂合格证
表 C4-6</td><td colspan="2">编号</td><td colspan="2"></td></tr>
<tr><td colspan="2">工程名称及使用部位</td><td colspan="2"></td><td colspan="2">合格证编号</td><td colspan="2"></td></tr>
<tr><td colspan="2">构件名称</td><td></td><td>型号规格</td><td colspan="2"></td><td>供应数量</td><td></td></tr>
<tr><td colspan="2">制造厂家</td><td colspan="2"></td><td colspan="2">企业等级证书</td><td colspan="2"></td></tr>
<tr><td colspan="2">标准图号或
设计图样号</td><td colspan="2"></td><td colspan="2">混凝土设计
强度等级</td><td colspan="2"></td></tr>
<tr><td colspan="2">混凝土浇筑日期</td><td colspan="2">至</td><td colspan="2">构件出厂日期</td><td colspan="2"></td></tr>
<tr><td rowspan="12">性能检验评定结果</td><td>混凝土抗压强度</td><td colspan="6">主　筋</td></tr>
<tr><td>达到设计强度（%）</td><td colspan="2">试件编号</td><td colspan="2">力学性能</td><td colspan="2">工艺性能</td></tr>
<tr><td></td><td colspan="2"></td><td colspan="2"></td><td colspan="2"></td></tr>
<tr><td colspan="7">外　观</td></tr>
<tr><td colspan="3">质量状况</td><td colspan="4">规格尺寸</td></tr>
<tr><td colspan="3"></td><td colspan="4"></td></tr>
<tr><td colspan="7">结构性能</td></tr>
<tr><td>承载力</td><td colspan="2">挠度</td><td colspan="2">抗裂检验</td><td colspan="2">裂缝宽度</td></tr>
<tr><td></td><td colspan="2"></td><td colspan="2"></td><td colspan="2"></td></tr>
<tr><td colspan="5">备注</td><td colspan="2">结论</td></tr>
<tr><td colspan="2">供应单位技术负责人</td><td colspan="3">填表人</td><td colspan="2" rowspan="3">供应单位名称
（盖章）</td></tr>
<tr><td colspan="2"></td><td colspan="3"></td></tr>
<tr><td colspan="6">填表日期</td></tr>
</table>

注：本表由预制混凝土构件供应单位提供，建设单位、施工单位各保存一份。

表 A-19 钢构件出厂合格证

钢构件出厂合格证 表 C4-7					编号		
工程名称					合格证编号		
委托单位					焊药型号		
钢材材质				防腐状况		焊条或焊丝型号	
供应总量/t				加工日期		出厂日期	
序号	构件名称及编号	构件数量	构件单重/t	原材料报告编号	复试报告编号	使用部位	其他
备注							
供应单位技术负责人			填表人			供应单位名称 （盖章）	
填表日期							

注：本表由钢构件供应单位提供，建设单位、施工单位各保存一份。

表 A-20　预拌混凝土出厂合格证

预拌混凝土出厂合格证 表 C4-8					编号		
使用单位					合格证编号		
工程名称与浇筑部位							
强度等级			抗渗等级			供应数量/m^3	
供应日期				至			
配合比编号							
原材料名称	水泥	砂	石	掺合料		外加剂	
品种及规格							
试验编号							

每组抗压强度值	试验编号	强度值	试验编号	强度值	备注
抗渗试验	试验编号	指标	试验编号	指标	

抗压强度统计结果			结论
组数 n	平均值	最小值	

供应单位技术负责人	填表人	供应单位名称 （盖章）
填表日期		

注：本表由预拌混凝土供应单位提供，建设单位、施工单位、城建档案馆各保存一份。

表A-21 钢材试验报告

钢材试验报告 表C4-9				编号	
				试验编号	
				委托编号	
工程名称				试件编号	
委托单位				试验委托人	
钢材种类		规格或牌号		生产厂家	
代表数量		来样日期		试验日期	
公称直径（厚度）	mm			公称面积	mm^2

试验结果	力学性能					弯曲性能		
	屈服点/MPa	抗拉强度/MPa	伸长率（%）	$\sigma_{b实}/\sigma_{s实}$	$\sigma_{s实}/\sigma_{s标}$	弯心直径	角度	结果

试验结果	化学分析							其他
	分析编号	化学成分						
		C	Si	Mn	P	S	C_{eq}	

结论					
批准		审核		试验	
试验单位					
报告日期					

注：本表由试验单位提供，建设单位、施工单位、城建档案馆各保存一份。

表 A-22　水泥试验报告

<table>
<tr><td colspan="5" rowspan="3">水泥试验报告
表 C4-10</td><td colspan="2">编号</td><td></td></tr>
<tr><td colspan="2">试验编号</td><td></td></tr>
<tr><td colspan="2">委托编号</td><td></td></tr>
<tr><td colspan="2">工程名称</td><td colspan="3"></td><td colspan="2">试样编号</td><td></td></tr>
<tr><td colspan="2">委托单位</td><td colspan="3"></td><td colspan="2">试验委托人</td><td></td></tr>
<tr><td colspan="2">品种及强度等级</td><td></td><td>出厂编号及日期</td><td></td><td>厂别牌号</td><td colspan="2"></td></tr>
<tr><td colspan="2">代表数量/t</td><td></td><td>来样日期</td><td></td><td>试验日期</td><td colspan="2"></td></tr>
<tr><td rowspan="14">试验结果</td><td rowspan="2">细度</td><td colspan="3">1. 80μm 方孔筛余量</td><td colspan="3"></td></tr>
<tr><td colspan="3">2. 比表面积</td><td colspan="3">m²/kg</td></tr>
<tr><td>标准稠度用水量（P）</td><td colspan="6">%</td></tr>
<tr><td>凝结时间</td><td>初凝</td><td colspan="2">h　min</td><td colspan="2">终凝</td><td>h　min</td></tr>
<tr><td>安定性</td><td>雷氏法</td><td colspan="2">mm</td><td colspan="2">试饼法</td><td></td></tr>
<tr><td>其他</td><td></td><td colspan="2"></td><td colspan="2"></td><td></td></tr>
<tr><td colspan="7">强度/MPa</td></tr>
<tr><td colspan="3">抗折强度</td><td colspan="4">抗压强度</td></tr>
<tr><td>3 天</td><td colspan="2">7 天</td><td colspan="2">3 天</td><td colspan="2">7 天</td></tr>
<tr><td>单块值</td><td>平均值</td><td>单块值</td><td>平均值</td><td>单块值</td><td>平均值</td><td>单块值</td><td>平均值</td></tr>
<tr><td></td><td rowspan="3"></td><td></td><td rowspan="3"></td><td></td><td rowspan="3"></td><td></td><td rowspan="3"></td></tr>
<tr><td></td><td></td><td></td><td></td></tr>
<tr><td></td><td></td><td></td><td></td></tr>
<tr><td colspan="8">结论</td></tr>
<tr><td colspan="2">批准</td><td></td><td>审核</td><td></td><td>试验</td><td colspan="2"></td></tr>
<tr><td colspan="2">试验单位</td><td colspan="6"></td></tr>
<tr><td colspan="2">报告日期</td><td colspan="6"></td></tr>
</table>

注：本表由试验单位提供，建设单位、施工单位、城建档案馆各保存一份。

表 A-23　砂试验报告

<table>
<tr><td colspan="4" rowspan="3">砂试验报告
表 C4-11</td><td>编号</td><td></td></tr>
<tr><td>试验编号</td><td></td></tr>
<tr><td>委托编号</td><td></td></tr>
<tr><td colspan="2">工程名称</td><td colspan="2"></td><td>试样编号</td><td></td></tr>
<tr><td colspan="2">委托单位</td><td colspan="2"></td><td>试验委托人</td><td></td></tr>
<tr><td colspan="2">种类</td><td colspan="2"></td><td>产地</td><td></td></tr>
<tr><td colspan="2">代表数量</td><td></td><td>来样日期</td><td></td><td>试验日期</td></tr>
<tr><td rowspan="8">试验结果</td><td rowspan="2">筛分析</td><td colspan="2">1. 细度模数（μ_f）</td><td colspan="2"></td></tr>
<tr><td colspan="2">2. 级配区域</td><td colspan="2">区</td></tr>
<tr><td>含泥量</td><td colspan="4">%</td></tr>
<tr><td>泥块含量</td><td colspan="4">%</td></tr>
<tr><td>表观密度</td><td colspan="4">kg/m³</td></tr>
<tr><td>堆积密度</td><td colspan="4">kg/m³</td></tr>
<tr><td>碱活性指标</td><td colspan="4"></td></tr>
<tr><td>其他</td><td colspan="4"></td></tr>
<tr><td colspan="6">结论</td></tr>
<tr><td>批准</td><td></td><td>审核</td><td></td><td>试验</td><td></td></tr>
<tr><td>试验单位</td><td colspan="5"></td></tr>
<tr><td>报告日期</td><td colspan="5"></td></tr>
</table>

注：本表由试验单位提供，建设单位、施工单位、城建档案馆各保存一份。

表 A-24　碎（卵）石试验报告

<table>
<tr><td colspan="4" rowspan="3">碎（卵）石试验报告
表 C4-12</td><td colspan="2">编号</td><td></td></tr>
<tr><td colspan="2">试验编号</td><td></td></tr>
<tr><td colspan="2">委托编号</td><td></td></tr>
<tr><td colspan="2">工程名称</td><td colspan="2"></td><td colspan="2">试样编号</td><td></td></tr>
<tr><td colspan="2">委托单位</td><td colspan="2"></td><td colspan="2">试验委托人</td><td></td></tr>
<tr><td colspan="2">种类、产地</td><td colspan="2"></td><td colspan="2">公称粒径</td><td>mm</td></tr>
<tr><td colspan="2">代表数量</td><td></td><td>来样日期</td><td></td><td>试验日期</td><td></td></tr>
<tr><td rowspan="11">试验结果</td><td rowspan="3">筛分析</td><td colspan="2">级配情况</td><td colspan="3">□连续粒级　□单粒级</td></tr>
<tr><td colspan="2">级配结果</td><td colspan="3"></td></tr>
<tr><td colspan="2">最大粒径</td><td colspan="3">mm</td></tr>
<tr><td>含泥量</td><td colspan="5">%</td></tr>
<tr><td>泥块含量</td><td colspan="5">%</td></tr>
<tr><td>针、片状颗粒含量</td><td colspan="5">%</td></tr>
<tr><td>压碎值指标</td><td colspan="5">%</td></tr>
<tr><td>表观密度</td><td colspan="5">kg/m³</td></tr>
<tr><td>堆积密度</td><td colspan="5">kg/m³</td></tr>
<tr><td>碱活性指标</td><td colspan="5"></td></tr>
<tr><td>其他</td><td colspan="5"></td></tr>
<tr><td colspan="7">结论</td></tr>
<tr><td colspan="2">批准</td><td></td><td>审核</td><td></td><td>试验</td><td></td></tr>
<tr><td colspan="2">试验单位</td><td colspan="5"></td></tr>
<tr><td colspan="2">报告日期</td><td colspan="5"></td></tr>
</table>

注：本表由试验单位提供，建设单位、施工单位、城建档案馆各保存一份。

表 A-25 混凝土外加剂试验报告

<table>
<tr><td colspan="3" rowspan="3">混凝土外加剂试验报告
表 C4-13</td><td colspan="2">编号</td><td></td></tr>
<tr><td colspan="2">试验编号</td><td></td></tr>
<tr><td colspan="2">委托编号</td><td></td></tr>
<tr><td>工程名称</td><td colspan="2"></td><td colspan="2">试样编号</td><td></td></tr>
<tr><td>委托单位</td><td colspan="2"></td><td colspan="2">试验委托人</td><td></td></tr>
<tr><td>产品名称</td><td></td><td>生产厂家</td><td></td><td>生产日期</td><td></td></tr>
<tr><td>代表数量</td><td></td><td>来样日期</td><td></td><td>试验日期</td><td></td></tr>
<tr><td>试验项目</td><td colspan="5"></td></tr>
<tr><td rowspan="7">试验结果</td><td colspan="2">试验项目</td><td colspan="3">试验结果</td></tr>
<tr><td colspan="2"></td><td colspan="3"></td></tr>
<tr><td colspan="2"></td><td colspan="3"></td></tr>
<tr><td colspan="2"></td><td colspan="3"></td></tr>
<tr><td colspan="2"></td><td colspan="3"></td></tr>
<tr><td colspan="2"></td><td colspan="3"></td></tr>
<tr><td colspan="2"></td><td colspan="3"></td></tr>
<tr><td colspan="6">结论</td></tr>
<tr><td>批准</td><td></td><td>审核</td><td></td><td>试验</td><td></td></tr>
<tr><td>试验单位</td><td colspan="5"></td></tr>
<tr><td>报告日期</td><td colspan="5"></td></tr>
</table>

注：本表由试验单位提供，建设单位、施工单位、城建档案馆各保存一份。

表 A-26　混凝土掺合料试验报告

<table>
<tr><td colspan="3" rowspan="3">混凝土掺合料试验报告
表 C4-14</td><td>编号</td><td colspan="2"></td></tr>
<tr><td>试验编号</td><td colspan="2"></td></tr>
<tr><td>委托编号</td><td colspan="2"></td></tr>
<tr><td colspan="2">工程名称</td><td></td><td>试样编号</td><td colspan="2"></td></tr>
<tr><td colspan="2">委托单位</td><td></td><td>试验委托人</td><td colspan="2"></td></tr>
<tr><td colspan="2">掺合料种类</td><td></td><td>等级</td><td>产地</td><td></td></tr>
<tr><td colspan="2">代表数量</td><td></td><td>来样日期</td><td>试验日期</td><td></td></tr>
<tr><td rowspan="7">试验结果</td><td rowspan="2">细度</td><td colspan="2">1. 0.045mm 方孔筛筛余</td><td colspan="2">%</td></tr>
<tr><td colspan="2">2. 80μm 方孔筛筛余</td><td colspan="2">%</td></tr>
<tr><td>需水量比</td><td colspan="4"></td></tr>
<tr><td>吸铵值</td><td colspan="4">%</td></tr>
<tr><td>28 天水泥胶砂抗压强度比</td><td colspan="4"></td></tr>
<tr><td>烧失量</td><td colspan="4">%</td></tr>
<tr><td>其他</td><td colspan="4"></td></tr>
<tr><td colspan="6">结论</td></tr>
<tr><td colspan="2">批准</td><td></td><td>审核</td><td>试验</td><td></td></tr>
<tr><td colspan="2">试验单位</td><td colspan="4"></td></tr>
<tr><td colspan="2">报告日期</td><td colspan="4"></td></tr>
</table>

注：本表由试验单位提供，建设单位、施工单位各保存一份。

表 A-27　防水涂料试验报告

<table>
<tr><td colspan="4" rowspan="3">防水涂料试验报告
表 C4-15</td><td colspan="2">编号</td><td></td></tr>
<tr><td colspan="2">试验编号</td><td></td></tr>
<tr><td colspan="2">委托编号</td><td></td></tr>
<tr><td colspan="2">工程名称及部位</td><td colspan="2"></td><td colspan="2">试件编号</td><td></td></tr>
<tr><td colspan="2">委托单位</td><td colspan="2"></td><td colspan="2">试验委托人</td><td></td></tr>
<tr><td colspan="2">种类、型号</td><td colspan="2"></td><td colspan="2">生产厂家</td><td></td></tr>
<tr><td colspan="2">代表数量</td><td></td><td>来样日期</td><td></td><td>试验日期</td><td></td></tr>
<tr><td rowspan="9">试验结果</td><td>延伸性</td><td colspan="5">mm</td></tr>
<tr><td>抗拉强度</td><td colspan="5">MPa</td></tr>
<tr><td>断裂伸长率</td><td colspan="5">%</td></tr>
<tr><td>粘结性</td><td colspan="5">MPa</td></tr>
<tr><td>耐热度</td><td>温度</td><td></td><td>评定</td><td colspan="2"></td></tr>
<tr><td>不透水性</td><td colspan="5"></td></tr>
<tr><td>柔韧性（低温）</td><td>温度</td><td></td><td>评定</td><td colspan="2"></td></tr>
<tr><td>固体含量</td><td colspan="5"></td></tr>
<tr><td>其他</td><td colspan="5"></td></tr>
<tr><td colspan="7">结论</td></tr>
<tr><td colspan="2">批准</td><td></td><td>审核</td><td></td><td>试验</td><td></td></tr>
<tr><td colspan="2">试验单位</td><td colspan="5"></td></tr>
<tr><td colspan="2">报告日期</td><td colspan="5"></td></tr>
</table>

注：本表由试验单位提供，建设单位、施工单位各保存一份。

表 A-28　防水卷材试验报告

<table>
<tr><td colspan="5" rowspan="3">防水卷材试验报告
表 C4-16</td><td colspan="3">编号</td><td colspan="5"></td></tr>
<tr><td colspan="3">试验编号</td><td colspan="5"></td></tr>
<tr><td colspan="3">委托编号</td><td colspan="5"></td></tr>
<tr><td colspan="2">工程名称及部位</td><td colspan="3"></td><td colspan="3">试件编号</td><td colspan="5"></td></tr>
<tr><td colspan="2">委托单位</td><td colspan="3"></td><td colspan="3">试验委托人</td><td colspan="5"></td></tr>
<tr><td colspan="2">种类、等级、牌号</td><td colspan="3"></td><td colspan="3">生产厂家</td><td colspan="5"></td></tr>
<tr><td colspan="2">代表数量</td><td colspan="2"></td><td>来样日期</td><td colspan="2"></td><td colspan="5">试验日期</td><td></td></tr>
<tr><td rowspan="6">试验结果</td><td colspan="2" rowspan="2">拉力试验</td><td colspan="2">1. 拉力</td><td>纵</td><td colspan="4">N</td><td>横</td><td colspan="2">N</td></tr>
<tr><td colspan="2">2. 拉伸强度</td><td>纵</td><td colspan="4">MPa</td><td>横</td><td colspan="2">MPa</td></tr>
<tr><td colspan="4">断裂伸长率</td><td>纵</td><td colspan="4">%</td><td>横</td><td colspan="2">%</td></tr>
<tr><td colspan="2">耐热度（温度,℃）</td><td colspan="6"></td><td colspan="2">评定</td><td colspan="2"></td></tr>
<tr><td colspan="2">不透水性</td><td colspan="10"></td></tr>
<tr><td colspan="2">柔韧性（低温柔性、低温弯折性）（温度,℃）</td><td colspan="6"></td><td colspan="2">评定</td><td colspan="2"></td></tr>
<tr><td></td><td colspan="12">其他</td></tr>
<tr><td colspan="13">结论</td></tr>
<tr><td colspan="2">批准</td><td colspan="2"></td><td>审核</td><td colspan="2"></td><td colspan="5">试验</td><td></td></tr>
<tr><td colspan="2">试验单位</td><td colspan="11"></td></tr>
<tr><td colspan="2">报告日期</td><td colspan="11"></td></tr>
</table>

注：本表由试验单位提供，建设单位、施工单位各保存一份。

表 A-29　砖（砌块）试验报告

<table>
<tr><td colspan="5" rowspan="3">砖（砌块）试验报告
表 C4-17</td><td colspan="2">编号</td><td colspan="2"></td></tr>
<tr><td colspan="2">试验编号</td><td colspan="2"></td></tr>
<tr><td colspan="2">委托编号</td><td colspan="2"></td></tr>
<tr><td colspan="2">工程名称</td><td colspan="3"></td><td colspan="2">试样编号</td><td colspan="2"></td></tr>
<tr><td colspan="2">委托单位</td><td colspan="3"></td><td colspan="2">试验委托人</td><td colspan="2"></td></tr>
<tr><td colspan="2">强度等级</td><td></td><td colspan="2">密度等级</td><td></td><td>代表数量</td><td colspan="2"></td></tr>
<tr><td colspan="2">试件处理日期</td><td></td><td colspan="2">来样日期</td><td></td><td>试验日期</td><td colspan="2"></td></tr>
<tr><td rowspan="17">试验结果</td><td colspan="8">烧结普通砖</td></tr>
<tr><td colspan="2" rowspan="2">抗压强度平均值 f/MPa</td><td colspan="2">变异系数 $\delta \leqslant 0.21$</td><td colspan="4">变异系数 $\delta \geqslant 0.21$</td></tr>
<tr><td colspan="2">强度标准值 f_k/MPa</td><td colspan="4">单块最小强度值 f_k/MPa</td></tr>
<tr><td colspan="2"></td><td colspan="2"></td><td colspan="4"></td></tr>
<tr><td colspan="8">轻集料混凝土小型空心砌块</td></tr>
<tr><td colspan="4">砌块抗压强度/MPa</td><td colspan="4" rowspan="2">砌块干燥表观密度/(kg/m^3)</td></tr>
<tr><td colspan="2">平均值</td><td colspan="2">最小值</td></tr>
<tr><td colspan="2"></td><td colspan="2"></td><td colspan="4"></td></tr>
<tr><td colspan="8">其他种类</td></tr>
<tr><td colspan="6">抗压强度/MPa</td><td colspan="2">抗折强度/MPa</td></tr>
<tr><td rowspan="2">平均值</td><td rowspan="2">最小值</td><td colspan="2">大面</td><td colspan="2">条面</td><td rowspan="2">平均值</td><td rowspan="2">最小值</td></tr>
<tr><td>平均值</td><td>最小值</td><td>平均值</td><td>最小值</td></tr>
<tr><td></td><td></td><td></td><td></td><td></td><td></td><td></td><td></td></tr>
<tr><td colspan="9">结论</td></tr>
<tr><td>批准</td><td colspan="2"></td><td>审核</td><td colspan="2"></td><td>试验</td><td colspan="2"></td></tr>
<tr><td>试验单位</td><td colspan="8"></td></tr>
<tr><td>报告日期</td><td colspan="8"></td></tr>
</table>

注：本表由试验单位提供，建设单位、施工单位、城建档案馆各保存一份。

表 A-30 轻集料试验报告

<table>
<tr><td colspan="5" rowspan="3">轻集料试验报告
表 C4-18</td><td colspan="2">编号</td><td></td></tr>
<tr><td colspan="2">试验编号</td><td></td></tr>
<tr><td colspan="2">委托编号</td><td></td></tr>
<tr><td colspan="2">工程名称</td><td colspan="3"></td><td colspan="2">试样编号</td><td></td></tr>
<tr><td colspan="2">委托单位</td><td colspan="3"></td><td colspan="2">试验委托人</td><td></td></tr>
<tr><td colspan="2">种类</td><td></td><td>密度等级</td><td></td><td>产地</td><td colspan="2"></td></tr>
<tr><td colspan="2">代表数量</td><td></td><td>来样日期</td><td></td><td>试验日期</td><td colspan="2"></td></tr>
<tr><td rowspan="9">试验结果</td><td rowspan="3">筛分析</td><td colspan="2">1. 细度模数（细骨料）</td><td colspan="4"></td></tr>
<tr><td colspan="2">2. 最大粒径（粗骨料）</td><td colspan="4">mm</td></tr>
<tr><td colspan="2">3. 级配情况</td><td colspan="4">□连续粒级 □单粒级</td></tr>
<tr><td>表观密度</td><td colspan="6">kg/m³</td></tr>
<tr><td>堆积密度</td><td colspan="6">kg/m³</td></tr>
<tr><td>剪压强度</td><td colspan="6">MPa</td></tr>
<tr><td>吸水率（1h）</td><td colspan="6">%</td></tr>
<tr><td>粒形系数</td><td colspan="6"></td></tr>
<tr><td>其他</td><td colspan="6"></td></tr>
<tr><td colspan="8">结论</td></tr>
<tr><td colspan="2">批准</td><td></td><td>审核</td><td></td><td>试验</td><td colspan="2"></td></tr>
<tr><td colspan="2">试验单位</td><td colspan="6"></td></tr>
<tr><td colspan="2">报告日期</td><td colspan="6"></td></tr>
</table>

注：本表由试验单位提供，施工单位保存。

表 A-31　隐蔽工程检查记录

<table>
<tr><td colspan="3">隐蔽工程检查记录
表 C5-1</td><td>编号</td><td colspan="2"></td></tr>
<tr><td colspan="2">工程名称</td><td colspan="4"></td></tr>
<tr><td colspan="2">隐检项目</td><td></td><td>隐检日期</td><td colspan="2"></td></tr>
<tr><td colspan="2">隐检部位</td><td colspan="4">层　　　轴线　　　标高</td></tr>
<tr><td colspan="6">隐检依据：施工图图号____________，设计变更/洽商（编号____________）及有关国家现行标准等。
主要材料名称及规格/型号：____
______________________________。</td></tr>
<tr><td colspan="6">隐检内容：

申报人</td></tr>
<tr><td colspan="6">检查意见：

检查结论：□同意隐蔽　　　　□不同意，修改后进行复查</td></tr>
<tr><td colspan="6">复查结论：

复查人：　　　　　　　　　复查日期：</td></tr>
<tr><td rowspan="3">签字栏</td><td rowspan="2">建设（监理）单位</td><td>施工单位</td><td colspan="3"></td></tr>
<tr><td>专业技术负责人</td><td>专业质检员</td><td colspan="2">专业工长</td></tr>
<tr><td></td><td></td><td></td><td colspan="2"></td></tr>
</table>

注：本表由施工单位填写，建设单位、施工单位、城建档案馆各保存一份。

表 A-32 预检记录

<table>
<tr><td colspan="2">预检记录
表 C5-2</td><td>编号</td><td colspan="2"></td></tr>
<tr><td>工程名称</td><td></td><td>预检项目</td><td colspan="2"></td></tr>
<tr><td>预检部位</td><td></td><td>检查日期</td><td colspan="2"></td></tr>
<tr><td colspan="5">依据：施工图样（施工图样号________）、设计变更/洽商（编号________）和有关规范、规程。
主要材料或设备：________
规格/型号：________</td></tr>
<tr><td colspan="5">预检内容：</td></tr>
<tr><td colspan="5">检查意见：</td></tr>
<tr><td colspan="5">复查意见：

复查人：　　　　　　　　　　复查日期：</td></tr>
<tr><td>施工单位</td><td colspan="4"></td></tr>
<tr><td>专业技术负责人</td><td colspan="2">专业质检员</td><td colspan="2">专业工长</td></tr>
<tr><td></td><td colspan="2"></td><td colspan="2"></td></tr>
</table>

注：本表由施工单位填写并保存。

表 A-33 施工检查记录（通用）

<table>
<tr><td colspan="3">施工检查记录（通用）
表 C5-3</td><td>编号</td><td></td></tr>
<tr><td>工程名称</td><td colspan="2"></td><td>检查项目</td><td></td></tr>
<tr><td>检查部位</td><td colspan="2"></td><td>检查日期</td><td></td></tr>
<tr><td colspan="5">检查依据：</td></tr>
<tr><td colspan="5">检查内容：</td></tr>
<tr><td colspan="5">检查结论：</td></tr>
<tr><td colspan="5">复查意见：

复查人： 复查日期：</td></tr>
<tr><td>施工单位</td><td colspan="4"></td></tr>
<tr><td>专业技术负责人</td><td colspan="2">专业质检员</td><td colspan="2">专业工长</td></tr>
<tr><td></td><td colspan="2"></td><td colspan="2"></td></tr>
</table>

注：本表由施工单位填写并保存。

表 A-34　交接检查记录

<table>
<tr><td colspan="3">交接检查记录
表 C5-4</td><td colspan="2">编号</td><td></td></tr>
<tr><td>工程名称</td><td colspan="5"></td></tr>
<tr><td>移交单位名称</td><td colspan="2"></td><td colspan="2">接收单位名称</td><td></td></tr>
<tr><td>交接部位</td><td colspan="2"></td><td colspan="2">检查日期</td><td></td></tr>
<tr><td colspan="6">交接内容：</td></tr>
<tr><td colspan="6">检查结果：</td></tr>
<tr><td colspan="6">复查意见：

复查人：　　　　　　　　　　　　　　　　复查日期：</td></tr>
<tr><td colspan="6">见证单位意见：

见证单位名称：</td></tr>
<tr><td rowspan="2">签字栏</td><td colspan="2">移交单位</td><td colspan="2">接收单位</td><td>见证单位</td></tr>
<tr><td colspan="2"></td><td colspan="2"></td><td></td></tr>
</table>

注：1. 本表由移交单位、接收单位和见证单位各保存一份。
2. 见证单位应根据实际检查情况，并汇总移交单位和接收单位意见形成见证单位意见。

表 A-35　地基验槽检查记录

<table>
<tr><td colspan="2">地基验槽检查记录
表 C5-5</td><td>编号</td><td></td></tr>
<tr><td>工程名称</td><td></td><td>验槽日期</td><td></td></tr>
<tr><td>验槽部位</td><td colspan="3"></td></tr>
<tr><td colspan="4">依据施工图样（施工图样号____________）、设计变更/洽商（编号____________）及有关规范、规程。</td></tr>
<tr><td colspan="4">验槽内容：
1. 基槽开挖至勘探报告第____________层，持力层为____________层。
2. 基底绝对高程和相对标高____________。
3. 土质情况______________。
（附：□钎探记录及钎探点平面布置图）
4. 桩位置____________、桩类型____________、数量____________，承载力满足设计要求。
（附：□施工记录、□桩检测报告）

若建筑工程无桩基或人工支护，则相应在第 4 条填写处划“/”。
申报人：</td></tr>
<tr><td colspan="4">检查意见：

检查结论：□无异常，可进行下道工序　　□需要地基处理</td></tr>
</table>

签字公章栏	建设单位	监理单位	设计单位	勘察单位	施工单位

注：本表由施工单位填写，建设单位、施工单位、城建档案馆各保存一份。

表 A-36　地基处理记录

<table>
<tr><td colspan="2">地基处理记录
表 C5-6</td><td>编号</td><td></td></tr>
<tr><td>工程名称</td><td></td><td>日期</td><td></td></tr>
<tr><td colspan="4">处理依据及方式：</td></tr>
<tr><td colspan="4">处理部位及深度（或用简图表示）

□有/　□无　附页（图）</td></tr>
<tr><td colspan="4">处理结果：</td></tr>
<tr><td colspan="4">检查意见：

检查日期：</td></tr>
</table>

<table>
<tr><td rowspan="3">签字栏</td><td rowspan="2">监理单位</td><td rowspan="2">设计单位</td><td rowspan="2">勘察单位</td><td colspan="3">施工单位</td></tr>
<tr><td>专业技术负责人</td><td>专业质检员</td><td>专业工长</td></tr>
<tr><td></td><td></td><td></td><td></td><td></td><td></td></tr>
</table>

注：本表由施工单位填写，建设单位、施工单位、城建档案馆各保存一份。

表 A-37　地基钎探记录

地基钎探记录 表 C5-7					编号			
工程名称					钎探日期			
锤重			自由落距			钎径		
顺序号	各步锤击数							
	0cm ~ 30cm	30cm ~ 60cm	60cm ~ 90cm	90cm ~ 120cm	120cm ~ 150cm	150cm ~ 180cm	180cm ~ 210cm	备注
施工单位								

注：1. 本表应附钎探点布置图。

2. 本表由施工单位填写，建设单位、施工单位、城建档案馆各保存一份。

表 A-38 混凝土浇筑申请书

<table>
<tr><td colspan="2">混凝土浇筑申请书
表 C5-8</td><td>编号</td><td colspan="2"></td></tr>
<tr><td>工程名称</td><td></td><td>申请浇灌日期</td><td colspan="2">年 月 日 时</td></tr>
<tr><td>申请浇灌部位</td><td></td><td>申请方量（m^3）</td><td colspan="2"></td></tr>
<tr><td>技术要求</td><td></td><td>强度等级</td><td colspan="2"></td></tr>
<tr><td>搅拌方式
（搅拌站名称）</td><td></td><td>申请人</td><td colspan="2"></td></tr>
<tr><td colspan="5">依据施工图样（施工图样号________________）、设计变更/洽商（编号________________）和有关规范、规程。</td></tr>
<tr><td colspan="3">施工准备检查</td><td>专业工长
（质量员）签字</td><td>备注</td></tr>
<tr><td colspan="3">1. 隐检情况 □已完成隐检 □未完成隐检</td><td></td><td></td></tr>
<tr><td colspan="3">2. 预检情况 □已完成预检 □未完成预检</td><td></td><td></td></tr>
<tr><td colspan="3">3. 水电预埋情况 □已完成并经检查 □未完成并未经检查</td><td></td><td></td></tr>
<tr><td colspan="3">4. 施工组织情况 □已完备 □未完备</td><td></td><td></td></tr>
<tr><td colspan="3">5. 机械设备准备情况 □已准备 □未准备</td><td></td><td></td></tr>
<tr><td colspan="3">6. 保温及有关准备 □已完备 □未完备</td><td></td><td></td></tr>
<tr><td colspan="3"></td><td></td><td></td></tr>
<tr><td colspan="3"></td><td></td><td></td></tr>
<tr><td colspan="5">审批意见：

审批结论：□同意浇筑 □整改后自行浇筑 □不同意，整改后重新申请
审批人： 审批日期：
施工单位名称：</td></tr>
</table>

注：1. 本表由施工单位填写并保存，并交给监理一份备案。

2. “技术要求”栏应依据合同中有关混凝土的具体要求填写。

表 A-39 预拌混凝土运输单

<table>
<tr><td colspan="4">预拌混凝土运输单
表 C5-9</td><td colspan="2">编号</td><td colspan="2"></td></tr>
<tr><td>合同编号</td><td colspan="3"></td><td colspan="2">任务单号</td><td colspan="2"></td></tr>
<tr><td>供应单位</td><td colspan="3"></td><td colspan="2">生产日期</td><td colspan="2"></td></tr>
<tr><td>工程名称及施工部位</td><td colspan="7"></td></tr>
<tr><td>委托单位</td><td></td><td colspan="2">混凝土强度等级</td><td></td><td colspan="2">抗渗等级</td><td></td></tr>
<tr><td>混凝土输送方式</td><td></td><td colspan="2">其他技术要求</td><td colspan="4"></td></tr>
<tr><td>本车供应方量/m³</td><td></td><td colspan="2">要求坍落度/mm</td><td></td><td colspan="2">实测坍落度/mm</td><td></td></tr>
<tr><td>配合比编号</td><td></td><td colspan="2">配合比</td><td colspan="4">C: W: S: G =</td></tr>
<tr><td>运距/km</td><td></td><td>车号</td><td></td><td>车次</td><td></td><td>司机</td><td></td></tr>
<tr><td>出站时间</td><td></td><td colspan="2">到场时间</td><td></td><td colspan="2">现场出罐温度/℃</td><td></td></tr>
<tr><td>开始浇筑时间</td><td></td><td colspan="2">完成浇筑时间</td><td></td><td colspan="2">现场坍落度/mm</td><td></td></tr>
<tr><td rowspan="2">签字栏</td><td colspan="2">现场验收人</td><td colspan="3">混凝土供应单位质量员</td><td colspan="2">混凝土供应单位签发人</td></tr>
<tr><td colspan="2"></td><td colspan="3"></td><td colspan="2"></td></tr>
</table>

注：本表分正本和副本，正本由供应单位保存，副本由施工单位保存。

表 A-40　混凝土开盘鉴定

混凝土开盘鉴定 表 C5-10		编号	
工程名称及部位		鉴定编号	
施工单位		搅拌方式	
强度等级		要求坍落度	
配合比编号		试配单位	
水灰比		砂率（%）	

材料名称	水泥	砂	石	水	外加剂	掺合料	
每 m^3 用料/kg							
调整后每盘用料/kg	砂含水率　　%			石含水率　　%			

鉴定结果	鉴定项目	混凝土拌合物性能			混凝土试块抗压强度/MPa	原材料与申请单是否相符
		坍落度（或维勃稠度）	保水性	粘聚性		
	设计					
	实测					

鉴定结论

建设（监理）单位	混凝土试配单位负责人	施工单位技术负责人	搅拌机组负责人
鉴定日期			

注：采用现场搅拌混凝土的工程，本表由施工单位填写并保存。

表 A-41　混凝土拆模申请单

<table>
<tr><td colspan="4">混凝土拆模申请单
表 C5-11</td><td colspan="2">编号</td><td colspan="3"></td></tr>
<tr><td>工程名称</td><td colspan="8"></td></tr>
<tr><td>申请拆模部位</td><td colspan="8"></td></tr>
<tr><td>混凝土
强度等级</td><td></td><td colspan="2">混凝土浇筑
完成时间</td><td colspan="2"></td><td colspan="2">申 请
拆模日期</td><td></td></tr>
<tr><td colspan="9">构件类型（注：在所选择构件类型的□内划“√”）</td></tr>
<tr><td>口墙</td><td>口柱</td><td colspan="2">板
□跨度≤2m
□2m＜跨度≤8m
□跨度＞8m</td><td colspan="2">梁
□跨度≤8m
□跨度＞8m</td><td colspan="2">□悬臂构件</td><td>________
____
________</td></tr>
<tr><td colspan="2">拆模时混凝土强度要求</td><td>龄期/d</td><td colspan="2">同条件混
凝土抗压强
度/MPa</td><td>达到设计强
度等级(％)</td><td colspan="3">强度报告编号</td></tr>
<tr><td colspan="2">应达到设计强度的________％
（或________ MPa）</td><td></td><td colspan="2"></td><td></td><td colspan="3"></td></tr>
<tr><td colspan="9">审批意见：

批准拆模日期</td></tr>
<tr><td colspan="2">施工单位</td><td colspan="7"></td></tr>
<tr><td colspan="2">专业技术负责人</td><td colspan="5">专业质检员</td><td colspan="2">申请人</td></tr>
<tr><td colspan="2"></td><td colspan="5"></td><td colspan="2"></td></tr>
</table>

注：1. 本表由施工单位填写并保存。

2. 拆模时混凝土强度规定：当设计有要求时，应符合设计要求；当设计无要求时，应符合现行规范要求。

3. 如结构形式复杂（结构跨度变化较大）或平面不规则，应附拆模平面示意图。

表 A-42　混凝土搅拌测温记录

混凝土搅拌测温记录 表 C5-12		编号	
工程名称			
混凝土 强度等级		坍落度	
水泥品种 及强度等级		搅拌方式	

测温时间				大气 温度/℃	原材料温度/℃				出罐温 度/℃	入模温 度/℃	备注
年	月	日	时		水泥	砂	石	水			

施工单位		
专业技术负责人	专业质检员	记录人

注：本表由施工单位填写并保存。

表 A-43 混凝土养护测温记录

混凝土养护测温记录 表 C5-13											编号								
工程名称																			
部位							养护方法				测温方式								
测温时间			大气温度/℃	各测孔温度/℃												平均温度/℃	间隔时间/h	成熟度	
年	月	日		1	2	3	4	5	6	7	8	9	10	11	…			本次	累计
施工单位																			
专业技术负责人						专业工长						测温员							

注：本表由施工单位填写并保存。

表 A-44 大体积混凝土养护测温记录

大体积混凝土养护测温记录 表 C5-14							编号					
工程名称							施工单位					
测温部位					测温方式				养护方法			
测温时间			大气温度/℃	入模温度/℃	孔号	各测温孔温度/℃		($t_{中}-t_{上}$)/℃	($t_{中}-t_{下}$)/℃	($t_{气}-t_{上}$)/℃	室外最大温差记录/℃	裂缝宽度/mm
月	日	时										
						上						
						中						
						下						
						上						
						中						
						下						
						上						
						中						
						下						
						上						
						中						
						下						
						上						
						中						
						下						
						上						
						中						
						下						
						上						
						中						
						下						
						上						
						中						
						下						
						上						
						中						
						下						
						上						
						中						
						下						
审核意见												
施工单位												
专业技术负责人					专业工长				测温员			

注：1. 本表由施工单位填写并保存。

2. 附测温点布置图，$t_{气}$ 表示大气温度。

表 A-45　构件吊装记录

<table>
<tr><td colspan="3">构件吊装记录
表 C5-15</td><td colspan="2">编号</td><td colspan="3"></td></tr>
<tr><td colspan="2">工程名称</td><td colspan="6"></td></tr>
<tr><td colspan="2">使用部位</td><td colspan="2"></td><td colspan="2">吊装日期</td><td colspan="2"></td></tr>
<tr><td rowspan="2">序号</td><td rowspan="2">构件名称
及编号</td><td rowspan="2">安装位置</td><td colspan="4">安装检查</td><td rowspan="2">备注</td></tr>
<tr><td>搁置与搭接长度</td><td>接头（点）处理</td><td>固定方法</td><td>标高检查</td></tr>
<tr><td></td><td></td><td></td><td></td><td></td><td></td><td></td><td></td></tr>
<tr><td></td><td></td><td></td><td></td><td></td><td></td><td></td><td></td></tr>
<tr><td></td><td></td><td></td><td></td><td></td><td></td><td></td><td></td></tr>
<tr><td></td><td></td><td></td><td></td><td></td><td></td><td></td><td></td></tr>
<tr><td></td><td></td><td></td><td></td><td></td><td></td><td></td><td></td></tr>
<tr><td></td><td></td><td></td><td></td><td></td><td></td><td></td><td></td></tr>
<tr><td></td><td></td><td></td><td></td><td></td><td></td><td></td><td></td></tr>
<tr><td></td><td></td><td></td><td></td><td></td><td></td><td></td><td></td></tr>
<tr><td></td><td></td><td></td><td></td><td></td><td></td><td></td><td></td></tr>
<tr><td></td><td></td><td></td><td></td><td></td><td></td><td></td><td></td></tr>
<tr><td></td><td></td><td></td><td></td><td></td><td></td><td></td><td></td></tr>
<tr><td></td><td></td><td></td><td></td><td></td><td></td><td></td><td></td></tr>
<tr><td></td><td></td><td></td><td></td><td></td><td></td><td></td><td></td></tr>
<tr><td colspan="8">结论</td></tr>
<tr><td colspan="2">施工单位</td><td colspan="6"></td></tr>
<tr><td colspan="2">专业技术负责人</td><td colspan="3">专业质检员</td><td colspan="3">记录人</td></tr>
<tr><td colspan="2"></td><td colspan="3"></td><td colspan="3"></td></tr>
</table>

注：本表由施工单位填写并保存。

表 A-46　焊接材料烘焙记录

<table>
<tr><td colspan="5">焊接材料烘焙记录
表 C5-16</td><td colspan="2">编号</td><td colspan="4"></td></tr>
<tr><td colspan="2">工程名称</td><td colspan="9"></td></tr>
<tr><td colspan="2">焊材牌号</td><td></td><td colspan="2">规格/mm</td><td colspan="2"></td><td colspan="2">焊材厂家</td><td colspan="2"></td></tr>
<tr><td colspan="2">钢材材质</td><td></td><td colspan="2">烘焙方法</td><td colspan="2"></td><td colspan="2">烘焙日期</td><td colspan="2"></td></tr>
<tr><td rowspan="3">序号</td><td rowspan="3">施焊部位</td><td rowspan="3">烘焙数量/kg</td><td colspan="5">烘焙要求</td><td colspan="2">保温要求</td><td rowspan="3">备注</td></tr>
<tr><td rowspan="2">烘干温度/℃</td><td rowspan="2">烘干时间/h</td><td colspan="3">实际烘焙时间</td><td rowspan="2">降至恒温/℃</td><td rowspan="2">保温时间/h</td></tr>
<tr><td>烘焙日期</td><td>从（时分）</td><td>至（时分）</td></tr>
<tr><td></td><td></td><td></td><td></td><td></td><td></td><td></td><td></td><td></td><td></td><td></td></tr>
<tr><td></td><td></td><td></td><td></td><td></td><td></td><td></td><td></td><td></td><td></td><td></td></tr>
<tr><td></td><td></td><td></td><td></td><td></td><td></td><td></td><td></td><td></td><td></td><td></td></tr>
<tr><td></td><td></td><td></td><td></td><td></td><td></td><td></td><td></td><td></td><td></td><td></td></tr>
<tr><td></td><td></td><td></td><td></td><td></td><td></td><td></td><td></td><td></td><td></td><td></td></tr>
<tr><td></td><td></td><td></td><td></td><td></td><td></td><td></td><td></td><td></td><td></td><td></td></tr>
<tr><td></td><td></td><td></td><td></td><td></td><td></td><td></td><td></td><td></td><td></td><td></td></tr>
<tr><td></td><td></td><td></td><td></td><td></td><td></td><td></td><td></td><td></td><td></td><td></td></tr>
<tr><td></td><td></td><td></td><td></td><td></td><td></td><td></td><td></td><td></td><td></td><td></td></tr>
<tr><td></td><td></td><td></td><td></td><td></td><td></td><td></td><td></td><td></td><td></td><td></td></tr>
<tr><td></td><td></td><td></td><td></td><td></td><td></td><td></td><td></td><td></td><td></td><td></td></tr>
<tr><td></td><td></td><td></td><td></td><td></td><td></td><td></td><td></td><td></td><td></td><td></td></tr>
<tr><td colspan="11">说明：
1. 焊条、焊剂等在使用前，应按产品说明书及有关工艺文件规定的技术要求进行烘干。
2. 焊接材料烘干后应存放在保温箱内，随用随取，焊条由保温箱（筒）取出到施焊的时间不得超过 2h，酸性焊条不宜超过 4h，烘干温度控制在 250～300℃。</td></tr>
<tr><td colspan="4">施工单位</td><td colspan="7"></td></tr>
<tr><td colspan="4">专业技术负责人</td><td colspan="4">专业质检员</td><td colspan="3">记录人</td></tr>
<tr><td colspan="4"></td><td colspan="4"></td><td colspan="3"></td></tr>
</table>

注：本表由施工单位填写并保存。

表 A-47 地下工程防水效果检查记录

<table>
<tr><td colspan="3">地下工程防水效果检查记录
表 C5-17</td><td>编号</td><td colspan="2"></td></tr>
<tr><td colspan="2">工程名称</td><td colspan="4"></td></tr>
<tr><td colspan="2">检查部位</td><td></td><td>检查日期</td><td colspan="2"></td></tr>
<tr><td colspan="6">检查方法及内容：</td></tr>
<tr><td colspan="6">检查结果：</td></tr>
<tr><td colspan="6">复查意见：

复查人：　　　　　　　　复查日期：</td></tr>
<tr><td rowspan="3">签字栏</td><td rowspan="2">建设（监理）单位</td><td>施工单位</td><td colspan="3"></td></tr>
<tr><td>专业技术负责人</td><td>专业质检员</td><td colspan="2">专业工长</td></tr>
<tr><td></td><td></td><td></td><td colspan="2"></td></tr>
</table>

注：本表由施工单位填写，建设单位、施工单位各保存一份。

表 A-48 防水工程试水检查记录

<table>
<tr><td colspan="2">防水工程试水检查记录
表 C5-18</td><td>编号</td><td colspan="2"></td></tr>
<tr><td colspan="2">工程名称</td><td colspan="3"></td></tr>
<tr><td colspan="2">检查部位</td><td></td><td>检查日期</td><td></td></tr>
<tr><td colspan="2" rowspan="2">检查方式</td><td>□第一次蓄水　□第二次蓄水</td><td>蓄水时间</td><td>从__年__月__日__时
至__年__月__日__时</td></tr>
<tr><td colspan="3">□淋水　　　□雨期观察</td></tr>
<tr><td colspan="5">检查方法及内容</td></tr>
<tr><td colspan="5">检查结果：</td></tr>
<tr><td colspan="5">复查意见：

复查人：　　　　　　　　　　　　　　　　复查日期：</td></tr>
<tr><td rowspan="3">签字栏</td><td rowspan="2">建设（监理）单位</td><td>施工单位</td><td colspan="2"></td></tr>
<tr><td>专业技术负责人</td><td>专业质检员</td><td>专业工长</td></tr>
<tr><td></td><td></td><td></td><td></td></tr>
</table>

注：本表由施工单位填写，建设单位、施工单位各保存一份。

表 A-49　通风（烟）道、垃圾道检查记录

<table>
<tr><td colspan="5">通风（烟）道、垃圾道检查记录
表 C5-19</td><td colspan="2">编号</td><td></td></tr>
<tr><td>工程名称</td><td colspan="4"></td><td colspan="2">检查日期</td><td></td></tr>
<tr><td colspan="6">检查部位和检查结果</td><td rowspan="3">检查人</td><td rowspan="3">复检人</td></tr>
<tr><td rowspan="2">检查部位</td><td colspan="2">主风（烟）道</td><td colspan="2">副风（烟）道</td><td rowspan="2">垃圾道</td></tr>
<tr><td>风道</td><td>烟道</td><td>风道</td><td>烟道</td></tr>
<tr><td></td><td></td><td></td><td></td><td></td><td></td><td></td><td></td></tr>
<tr><td></td><td></td><td></td><td></td><td></td><td></td><td></td><td></td></tr>
<tr><td></td><td></td><td></td><td></td><td></td><td></td><td></td><td></td></tr>
<tr><td></td><td></td><td></td><td></td><td></td><td></td><td></td><td></td></tr>
<tr><td></td><td></td><td></td><td></td><td></td><td></td><td></td><td></td></tr>
<tr><td></td><td></td><td></td><td></td><td></td><td></td><td></td><td></td></tr>
<tr><td></td><td></td><td></td><td></td><td></td><td></td><td></td><td></td></tr>
<tr><td></td><td></td><td></td><td></td><td></td><td></td><td></td><td></td></tr>
<tr><td></td><td></td><td></td><td></td><td></td><td></td><td></td><td></td></tr>
<tr><td></td><td></td><td></td><td></td><td></td><td></td><td></td><td></td></tr>
<tr><td></td><td></td><td></td><td></td><td></td><td></td><td></td><td></td></tr>
<tr><td></td><td></td><td></td><td></td><td></td><td></td><td></td><td></td></tr>
<tr><td></td><td></td><td></td><td></td><td></td><td></td><td></td><td></td></tr>
<tr><td colspan="2">施工单位</td><td colspan="6"></td></tr>
<tr><td colspan="2">专业技术负责人</td><td colspan="4">专业质检员</td><td colspan="2">专业工长</td></tr>
<tr><td colspan="2"></td><td colspan="4"></td><td colspan="2"></td></tr>
<tr><td colspan="8">说明：1. 主风（烟）道可先检查，检查部位按轴线记录，副风（烟）道可按户门编号记录。
2. 检查合格记“√”，不合格记“×”。
3. 第一次检查不合格记录“×”，复查合格后在“×”后面记录“√”。</td></tr>
</table>

注：本表由施工单位填写并保存。

表 A-50 预应力筋张拉记录

<table>
<tr><td colspan="2">预应力筋张拉记录
表 C5-20</td><td>编号</td><td></td></tr>
<tr><td>工程名称</td><td></td><td>张拉日期</td><td></td></tr>
<tr><td>施工部位</td><td></td><td>预应力筋规格
及抗拉强度</td><td></td></tr>
<tr><td colspan="4">预应力张拉程序及平面示意图：

□有　□无附页</td></tr>
<tr><td>张拉端锚具类型</td><td></td><td>固定端锚具类型</td><td></td></tr>
<tr><td>设计控制应力</td><td></td><td>实际张拉力</td><td></td></tr>
<tr><td rowspan="2">千斤顶编号</td><td></td><td rowspan="2">压力表编号</td><td></td></tr>
<tr><td></td><td></td></tr>
<tr><td>混凝土设计强度</td><td></td><td>张拉时混凝土
实际强度</td><td></td></tr>
<tr><td colspan="4">预应力筋计算伸长值：</td></tr>
<tr><td colspan="4">预应力筋伸长值范围：</td></tr>
<tr><td>施工单位</td><td colspan="3"></td></tr>
<tr><td>专业技术负责人</td><td colspan="2">专业质检员</td><td>记录人</td></tr>
<tr><td></td><td colspan="2"></td><td></td></tr>
</table>

注：本表由施工单位填写，建设单位、施工单位、城建档案馆各保存一份。

表 A-51　有粘结预应力结构灌浆记录

有粘结预应力结构灌浆记录 表 C5-22			编号	
工程名称			灌浆日期	
施工单位				
灌浆配合比			灌浆要求压力值	
水泥强度等级		进厂日期	复试报告编号	

灌浆点简图与编号

灌浆点编号	灌浆压力值/MPa	灌浆量/L	灌浆点编号	灌浆压力值/MPa	灌浆量/L

备注

施工单位		
专业技术负责人	专业质检员	记录人

注：本表由施工单位填写，建设单位、施工单位、城建档案馆各保存一份。

表 A-52　设备单机试运转记录

<table>
<tr><td colspan="6">设备单机试运转记录
表 C6-2</td><td colspan="2">编号</td><td colspan="2"></td></tr>
<tr><td colspan="2">工程名称</td><td colspan="4"></td><td colspan="2">试运转时间</td><td colspan="2"></td></tr>
<tr><td colspan="2">设备部位图号</td><td colspan="2"></td><td>设备名称</td><td colspan="2"></td><td>规格型号</td><td colspan="2"></td></tr>
<tr><td colspan="2">试验单位</td><td colspan="2"></td><td>设备所在系统</td><td colspan="2"></td><td>额定数据</td><td colspan="2"></td></tr>
<tr><td>序号</td><td colspan="4">试验项目</td><td colspan="4">试验记录</td><td>试验结论</td></tr>
<tr><td>1</td><td colspan="4"></td><td colspan="4"></td><td></td></tr>
<tr><td>2</td><td colspan="4"></td><td colspan="4"></td><td></td></tr>
<tr><td>3</td><td colspan="4"></td><td colspan="4"></td><td></td></tr>
<tr><td>4</td><td colspan="4"></td><td colspan="4"></td><td></td></tr>
<tr><td>5</td><td colspan="4"></td><td colspan="4"></td><td></td></tr>
<tr><td>6</td><td colspan="4"></td><td colspan="4"></td><td></td></tr>
<tr><td>7</td><td colspan="4"></td><td colspan="4"></td><td></td></tr>
<tr><td>8</td><td colspan="4"></td><td colspan="4"></td><td></td></tr>
<tr><td>9</td><td colspan="4"></td><td colspan="4"></td><td></td></tr>
<tr><td>10</td><td colspan="4"></td><td colspan="4"></td><td></td></tr>
<tr><td>11</td><td colspan="4"></td><td colspan="4"></td><td></td></tr>
<tr><td>12</td><td colspan="4"></td><td colspan="4"></td><td></td></tr>
<tr><td>13</td><td colspan="4"></td><td colspan="4"></td><td></td></tr>
<tr><td>14</td><td colspan="4"></td><td colspan="4"></td><td></td></tr>
<tr><td colspan="10">试运转结论：</td></tr>
<tr><td rowspan="3">签字栏</td><td rowspan="2">建设（监理）单位</td><td>安装单位</td><td colspan="3"></td></tr>
<tr><td>专业技术负责人</td><td colspan="2">专业质检员</td><td>专业工长</td></tr>
<tr><td></td><td></td><td colspan="2"></td><td></td></tr>
</table>

注：本表由施工单位填写，建设单位、施工单位、城建档案馆各保存一份。

表 A-53 系统试运转调试记录

<table>
<tr><td colspan="2">系统试运转调试记录
表 C6-3</td><td>编号</td><td></td></tr>
<tr><td>工程名称</td><td></td><td>试运转
调试时间</td><td></td></tr>
<tr><td>试运转
调试项目</td><td></td><td>试运转
调试部位</td><td></td></tr>
<tr><td colspan="4">试运转、调试内容：</td></tr>
<tr><td colspan="4">试运转、调试结论：</td></tr>
</table>

建设单位	监理单位	施工单位

注：1. 本表应附必要的试运转调试测试表。

2. 本表由施工单位填写，建设单位、施工单位、城建档案馆各保存一份。

表 A-54 土工击实试验报告

<table>
<tr><td colspan="2" rowspan="3">土工击实试验报告
表 C6-4</td><td>编号</td><td></td></tr>
<tr><td>试验编号</td><td></td></tr>
<tr><td>委托编号</td><td></td></tr>
<tr><td>工程名称及部位</td><td></td><td>试样编号</td><td></td></tr>
<tr><td>委托单位</td><td></td><td>试验委托人</td><td></td></tr>
<tr><td>结构类型</td><td></td><td>填土部位</td><td></td></tr>
<tr><td>要求压实系数（λ_c）</td><td></td><td>土样种类</td><td></td></tr>
<tr><td>来样日期</td><td></td><td>试验日期</td><td></td></tr>
<tr><td rowspan="3">试验结果</td><td colspan="3">最优含水量（ω_{op}） = %</td></tr>
<tr><td colspan="3">最大干密度（ρ_{dmax}） = g/cm³</td></tr>
<tr><td colspan="3">控制指标（控制干密度）
最大干密度×要求压实系数 = g/cm³</td></tr>
<tr><td colspan="4">结论：</td></tr>
</table>

批准		审核		试验	
试验单位					
报告日期					

注：本表由建设单位、施工单位、城建档案馆各保存一份。

表 A-55 回填土试验报告

回填土试验报告 表 C6-5				编号					
				试验编号					
				委托编号					
工程名称及施工部位									
委托单位				试验委托人					
要求压实系数（λ_C）				回填土种类					
控制干密度（ρ_d）	g/cm^3			试验日期					
点号 / 项目 / 步数									
	实测干密度（g/cm^3）								
	实测压实系数								
取样位置简图（附图）									
结论：									
批准		审核		试验					
试验单位									
报告日期									

注：本表由建设单位、施工单位、城建档案馆各保存一份。

表 A-56　钢筋连接试验报告

<table>
<tr><td colspan="5" rowspan="3">钢筋连接试验报告
表 C6-6</td><td colspan="2">编号</td><td colspan="2"></td></tr>
<tr><td colspan="2">试验编号</td><td colspan="2"></td></tr>
<tr><td colspan="2">委托编号</td><td colspan="2"></td></tr>
<tr><td colspan="2">工程名称及部位</td><td colspan="3"></td><td colspan="2">试件编号</td><td colspan="2"></td></tr>
<tr><td colspan="2">委托单位</td><td colspan="3"></td><td colspan="2">试验委托人</td><td colspan="2"></td></tr>
<tr><td colspan="2">接头类型</td><td colspan="3"></td><td colspan="2">检验形式</td><td colspan="2"></td></tr>
<tr><td colspan="2">设计要求
接头性能等级</td><td colspan="3"></td><td colspan="2">代表数量</td><td colspan="2"></td></tr>
<tr><td colspan="2">连接钢筋种类及牌号</td><td></td><td colspan="2">公称直径</td><td>mm</td><td colspan="2">原材试验编号</td><td></td></tr>
<tr><td colspan="2">操作人</td><td></td><td colspan="2">来样日期</td><td></td><td colspan="2">试验日期</td><td></td></tr>
<tr><td colspan="3">接头试件</td><td colspan="2">母材试件</td><td colspan="3">弯曲试件</td><td rowspan="2">备注</td></tr>
<tr><td>公称面积
/mm²</td><td>抗拉强
度/MPa</td><td>断裂特征
及位置</td><td>实测面积
/mm²</td><td>抗拉强度
/MPa</td><td>弯心直径</td><td>角度</td><td>结果</td></tr>
<tr><td></td><td></td><td></td><td></td><td></td><td></td><td></td><td></td><td></td></tr>
<tr><td></td><td></td><td></td><td></td><td></td><td></td><td></td><td></td><td></td></tr>
<tr><td></td><td></td><td></td><td></td><td></td><td></td><td></td><td></td><td></td></tr>
<tr><td></td><td></td><td></td><td></td><td></td><td></td><td></td><td></td><td></td></tr>
<tr><td></td><td></td><td></td><td></td><td></td><td></td><td></td><td></td><td></td></tr>
<tr><td></td><td></td><td></td><td></td><td></td><td></td><td></td><td></td><td></td></tr>
<tr><td colspan="9">结论</td></tr>
<tr><td colspan="2">批准</td><td></td><td>审核</td><td colspan="2"></td><td colspan="2">试验</td><td></td></tr>
<tr><td colspan="2">试验单位</td><td colspan="7"></td></tr>
<tr><td colspan="2">报告日期</td><td colspan="7"></td></tr>
</table>

注：本表由建设单位、施工单位、城建档案馆各保存一份。

表A-57　砂浆配合比申请和通知单

<table>
<tr><td colspan="3" rowspan="2">砂浆配合比申请单
表C6-7</td><td>编号</td><td></td></tr>
<tr><td>委托编号</td><td></td></tr>
<tr><td>工程名称</td><td colspan="4"></td></tr>
<tr><td>委托单位</td><td colspan="2"></td><td>试验委托人</td><td></td></tr>
<tr><td>砂浆种类</td><td colspan="2"></td><td>强度等级</td><td></td></tr>
<tr><td>水泥品种</td><td colspan="2"></td><td>厂别</td><td></td></tr>
<tr><td>水泥进场日期</td><td colspan="2"></td><td>试验编号</td><td></td></tr>
<tr><td>砂产地</td><td>粗细级别</td><td></td><td>试验编号</td><td></td></tr>
<tr><td>掺合料种类</td><td colspan="2"></td><td>外加剂种类</td><td></td></tr>
<tr><td>申请日期</td><td colspan="2">年　月　日</td><td>要求使用日期</td><td>年　月　日</td></tr>
</table>

<table>
<tr><td colspan="3" rowspan="2">砂浆配合比通知单</td><td>配合比编号</td><td colspan="2"></td></tr>
<tr><td>试配编号</td><td colspan="2"></td></tr>
<tr><td>强度等级</td><td></td><td>试验日期</td><td colspan="3">年　月　日</td></tr>
<tr><td colspan="6">配合比</td></tr>
<tr><td>材料名称</td><td>水泥</td><td>砂</td><td>白灰膏</td><td>掺合料</td><td>外加剂</td></tr>
<tr><td>每立方米用量/kg</td><td></td><td></td><td></td><td></td><td></td></tr>
<tr><td>比例</td><td></td><td></td><td></td><td></td><td></td></tr>
<tr><td colspan="6">砂浆稠度为70～100mm，白灰膏稠度为120mm±5mm</td></tr>
<tr><td>批准</td><td></td><td>审核</td><td></td><td>试验</td><td></td></tr>
<tr><td>试验单位</td><td colspan="5"></td></tr>
<tr><td>报告日期</td><td colspan="5"></td></tr>
</table>

注：本表由施工单位保存。

表 A-58　砂浆抗压强度试验报告

<table>
<tr><td colspan="4" rowspan="3">砂浆抗压强度试验报告
表 C6-8</td><td>编号</td><td></td></tr>
<tr><td>试验编号</td><td></td></tr>
<tr><td>委托编号</td><td></td></tr>
<tr><td>工程名称及部位</td><td colspan="3"></td><td>试验编号</td><td></td></tr>
<tr><td>委托单位</td><td colspan="3"></td><td>试验委托人</td><td></td></tr>
<tr><td>砂浆种类</td><td></td><td>强度等级</td><td></td><td>稠度</td><td></td></tr>
<tr><td>水泥品种及强度等级</td><td colspan="3"></td><td>试验编号</td><td></td></tr>
<tr><td>砂产地及种类</td><td colspan="3"></td><td>试验编号</td><td></td></tr>
<tr><td>掺合料种类</td><td colspan="3"></td><td>外加剂种类</td><td></td></tr>
<tr><td>配合比编号</td><td colspan="5"></td></tr>
<tr><td>试件成形日期</td><td></td><td>要求龄期</td><td>天</td><td>要求试验日期</td><td></td></tr>
<tr><td>养护方法</td><td></td><td>试件收到日期</td><td></td><td>试件制作人</td><td></td></tr>
</table>

<table>
<tr><td rowspan="8">试验结果</td><td rowspan="2">试压日期</td><td rowspan="2">实际龄期/d</td><td rowspan="2">试件边长/mm</td><td rowspan="2">受压面积/mm²</td><td colspan="2">荷载/kN</td><td rowspan="2">抗压强度/MPa</td><td rowspan="2">达设计强度等级（%）</td></tr>
<tr><td>单块</td><td>平均</td></tr>
<tr><td rowspan="6"></td><td rowspan="6"></td><td rowspan="6"></td><td rowspan="6"></td><td></td><td></td><td rowspan="6"></td><td rowspan="6"></td></tr>
<tr><td></td><td></td></tr>
<tr><td></td><td></td></tr>
<tr><td></td><td></td></tr>
<tr><td></td><td></td></tr>
<tr><td></td><td></td></tr>
</table>

<table>
<tr><td colspan="6">结论</td></tr>
<tr><td>批准</td><td></td><td>审核</td><td></td><td>试验</td><td></td></tr>
<tr><td>试验单位</td><td colspan="5"></td></tr>
<tr><td>报告日期</td><td colspan="5"></td></tr>
</table>

注：本表由建设单位、施工单位各保存一份。

表 A-59 砌筑砂浆试块强度统计、评定记录

<table>
<tr><td colspan="3">砌筑砂浆试块强度统计、评定记录
表 C6-9</td><td colspan="4"></td><td colspan="2">编号</td><td colspan="2"></td></tr>
<tr><td colspan="2">工程名称</td><td colspan="5"></td><td colspan="2">强度等级</td><td colspan="2"></td></tr>
<tr><td colspan="2">施工单位</td><td colspan="5"></td><td colspan="2">养护方法</td><td colspan="2"></td></tr>
<tr><td colspan="2">统计期</td><td colspan="5">年 月 日至 年 月 日</td><td colspan="2">结构部位</td><td colspan="2"></td></tr>
<tr><td colspan="2">试块组数（n）</td><td colspan="3">强度标准值
f_2/MPa</td><td colspan="2">平均值$f_{2,m}$
/MPa</td><td colspan="2">最小值
$f_{2,min}$/MPa</td><td colspan="2">$0.75f_2$</td></tr>
<tr><td colspan="2"></td><td colspan="3"></td><td colspan="2"></td><td colspan="2"></td><td colspan="2"></td></tr>
<tr><td rowspan="9">每组强度值
/MPa</td><td></td><td></td><td></td><td></td><td></td><td></td><td></td><td></td><td></td><td></td></tr>
<tr><td></td><td></td><td></td><td></td><td></td><td></td><td></td><td></td><td></td><td></td></tr>
<tr><td></td><td></td><td></td><td></td><td></td><td></td><td></td><td></td><td></td><td></td></tr>
<tr><td></td><td></td><td></td><td></td><td></td><td></td><td></td><td></td><td></td><td></td></tr>
<tr><td></td><td></td><td></td><td></td><td></td><td></td><td></td><td></td><td></td><td></td></tr>
<tr><td></td><td></td><td></td><td></td><td></td><td></td><td></td><td></td><td></td><td></td></tr>
<tr><td></td><td></td><td></td><td></td><td></td><td></td><td></td><td></td><td></td><td></td></tr>
<tr><td></td><td></td><td></td><td></td><td></td><td></td><td></td><td></td><td></td><td></td></tr>
<tr><td></td><td></td><td></td><td></td><td></td><td></td><td></td><td></td><td></td><td></td></tr>
<tr><td>判定式</td><td colspan="5">$f_{2,m} \geqslant f_2$</td><td colspan="5">$f_{2,min} \geqslant 0.75f_2$</td></tr>
<tr><td>结果</td><td colspan="5"></td><td colspan="5"></td></tr>
<tr><td colspan="11">结论</td></tr>
<tr><td colspan="3">批准</td><td colspan="4">审核</td><td colspan="4">统计</td></tr>
<tr><td colspan="3"></td><td colspan="4"></td><td colspan="4"></td></tr>
<tr><td colspan="3">报告日期</td><td colspan="8"></td></tr>
</table>

注：本表由建设单位、施工单位、城建档案馆各保存一份。

表 A-60　混凝土配合比申请和通知单

<table>
<tr><td colspan="4" rowspan="2">混凝土配合比申请单
表 C6-10</td><td>编号</td><td></td></tr>
<tr><td>委托编号</td><td></td></tr>
<tr><td>工程名称及部位</td><td colspan="5"></td></tr>
<tr><td>委托单位</td><td colspan="3"></td><td>试验委托人</td><td></td></tr>
<tr><td>设计强度等级</td><td colspan="3"></td><td>要求坍落度、扩展度</td><td></td></tr>
<tr><td>其他技术要求</td><td colspan="5"></td></tr>
<tr><td>搅拌方法</td><td></td><td>浇捣方法</td><td></td><td>养护方法</td><td></td></tr>
<tr><td>水泥品种及强度等级</td><td></td><td>厂别牌号</td><td></td><td>试验编号</td><td></td></tr>
<tr><td>砂产地及种类</td><td colspan="3"></td><td>试验编号</td><td></td></tr>
<tr><td>石子产地及种类</td><td></td><td>最大粒径</td><td>mm</td><td>试验编号</td><td></td></tr>
<tr><td>外加剂名称</td><td colspan="3"></td><td>试验编号</td><td></td></tr>
<tr><td>掺合料名称</td><td colspan="3"></td><td>试验编号</td><td></td></tr>
<tr><td>申请日期</td><td></td><td>使用日期</td><td></td><td>联系电话</td><td></td></tr>
</table>

<table>
<tr><td colspan="5" rowspan="2">混凝土配合比通知单</td><td colspan="2">配合比编号</td><td colspan="2"></td></tr>
<tr><td colspan="2">试配编号</td><td colspan="2"></td></tr>
<tr><td>强度等级</td><td></td><td>水胶比</td><td colspan="2"></td><td>水灰比</td><td></td><td>砂率</td><td></td></tr>
<tr><td>材料名称</td><td>水泥</td><td>水</td><td>砂</td><td>石子</td><td colspan="2">外加剂</td><td>掺合料</td><td>其他</td></tr>
<tr><td>每盘用量/kg</td><td></td><td></td><td></td><td></td><td colspan="2"></td><td></td><td></td></tr>
<tr><td rowspan="2">混凝土碱含量/(kg/m³)</td><td colspan="8"></td></tr>
<tr><td colspan="8">注此栏只有遇Ⅱ类工程（按京建科［1999］230号规定分类）时填写</td></tr>
<tr><td colspan="9">说明：本配合比所使用材料均为干材料，使用单位应根据材料含水情况随时调整。</td></tr>
<tr><td colspan="2">批准</td><td colspan="3">审核</td><td colspan="4">试验</td></tr>
<tr><td colspan="2"></td><td colspan="3"></td><td colspan="4"></td></tr>
<tr><td colspan="2">报告日期</td><td colspan="7"></td></tr>
</table>

注：本表由建设单位、施工单位各保存一份。

表 A-61 混凝土抗压强度试验报告

<table>
<tr><td colspan="7" rowspan="3">混凝土抗压强度试验报告
表 C6-11</td><td>编号</td><td colspan="2"></td></tr>
<tr><td>试验编号</td><td colspan="2"></td></tr>
<tr><td>委托编号</td><td colspan="2"></td></tr>
<tr><td colspan="3">工程名称及部位</td><td colspan="4"></td><td>试件编号</td><td colspan="2"></td></tr>
<tr><td colspan="3">委托单位</td><td colspan="4"></td><td>试验委托人</td><td colspan="2"></td></tr>
<tr><td colspan="3">设计强度等级</td><td colspan="4"></td><td>实测坍落度扩展度</td><td colspan="2"></td></tr>
<tr><td colspan="3">水泥品种及强度等级</td><td colspan="4"></td><td>试验编号</td><td colspan="2"></td></tr>
<tr><td colspan="3">砂种类</td><td colspan="4"></td><td>试验编号</td><td colspan="2"></td></tr>
<tr><td colspan="3">石子种类、公称直径</td><td colspan="4"></td><td>试验编号</td><td colspan="2"></td></tr>
<tr><td colspan="3">外加剂名称</td><td colspan="4"></td><td>试验编号</td><td colspan="2"></td></tr>
<tr><td colspan="3">掺合料名称</td><td colspan="4"></td><td>试验编号</td><td colspan="2"></td></tr>
<tr><td colspan="3">配合比编号</td><td colspan="7"></td></tr>
<tr><td colspan="3">成形日期</td><td></td><td colspan="3">要求龄期</td><td>天</td><td>要求试验日期</td><td></td></tr>
<tr><td colspan="3">养护方法</td><td></td><td colspan="3">收到日期</td><td></td><td>试块制作人</td><td></td></tr>
<tr><td rowspan="5">试验结果</td><td rowspan="2">试验日期</td><td rowspan="2">实际龄期/d</td><td rowspan="2">试件边长/mm</td><td rowspan="2">受压面积/mm²</td><td colspan="2">荷载/kN</td><td rowspan="2">平均抗压强度/MPa</td><td rowspan="2">折合 150mm 立方体抗压强度/MPa</td><td rowspan="2">达到设计强度等级（%）</td></tr>
<tr><td>单块值</td><td>平均值</td></tr>
<tr><td rowspan="3"></td><td rowspan="3"></td><td rowspan="3"></td><td rowspan="3"></td><td></td><td rowspan="3"></td><td rowspan="3"></td><td rowspan="3"></td><td rowspan="3"></td></tr>
<tr><td></td></tr>
<tr><td></td></tr>
<tr><td colspan="10">结论：</td></tr>
<tr><td colspan="2">批准</td><td colspan="2"></td><td colspan="2">审核</td><td colspan="2"></td><td>试验</td><td></td></tr>
<tr><td colspan="2">试验单位</td><td colspan="8"></td></tr>
<tr><td colspan="2">报告日期</td><td colspan="8"></td></tr>
</table>

注：本表由建设单位、施工单位各保存一份。

表 A-62 混凝土试块强度统计、评定记录

<table>
<tr><td colspan="7">混凝土试块强度统计、评定记录
表 C6-12</td><td colspan="2">编号</td><td colspan="2"></td></tr>
<tr><td colspan="3">工程名称</td><td colspan="4"></td><td colspan="2">强度等级</td><td colspan="2"></td></tr>
<tr><td colspan="3">施工单位</td><td colspan="4"></td><td colspan="2">养护方法</td><td colspan="2"></td></tr>
<tr><td colspan="3">统计期</td><td colspan="4">年 月 日至 年 月 日</td><td colspan="2">结构部位</td><td colspan="2"></td></tr>
<tr><td colspan="2" rowspan="2">试块组 n</td><td colspan="2" rowspan="2">强度标准值 $f_{cu,k}$/MPa</td><td colspan="2" rowspan="2">强度平均值 m_{fcu} /MPa</td><td colspan="2" rowspan="2">标准差 S_{fcu} /MPa</td><td rowspan="2">最小值 $f_{cu,min}$ /MPa</td><td colspan="2">合格判定系数</td></tr>
<tr><td>λ_1</td><td>λ_2</td></tr>
<tr><td colspan="2"></td><td colspan="2"></td><td colspan="2"></td><td colspan="2"></td><td></td><td colspan="2"></td></tr>
<tr><td rowspan="6">每组强度 /MPa</td><td></td><td></td><td></td><td></td><td></td><td></td><td></td><td></td><td></td><td></td></tr>
<tr><td></td><td></td><td></td><td></td><td></td><td></td><td></td><td></td><td></td><td></td></tr>
<tr><td></td><td></td><td></td><td></td><td></td><td></td><td></td><td></td><td></td><td></td></tr>
<tr><td></td><td></td><td></td><td></td><td></td><td></td><td></td><td></td><td></td><td></td></tr>
<tr><td></td><td></td><td></td><td></td><td></td><td></td><td></td><td></td><td></td><td></td></tr>
<tr><td></td><td></td><td></td><td></td><td></td><td></td><td></td><td></td><td></td><td></td></tr>
<tr><td rowspan="3">评定界限</td><td colspan="6">□ 统计方法</td><td colspan="4">□ 非统计方法</td></tr>
<tr><td colspan="2">$0.9f_{cu,k}$</td><td colspan="2">$m_{fcu}-\lambda_1 \times S_{fcu}$</td><td colspan="2">$\lambda_2 \times f_{cu,k}$</td><td colspan="2">$1.15f_{cu,k}$</td><td colspan="2">$0.95f_{cu,k}$</td></tr>
<tr><td colspan="2"></td><td colspan="2"></td><td colspan="2"></td><td colspan="2"></td><td colspan="2"></td></tr>
<tr><td>判定式</td><td colspan="3">$m_{fcu}-\lambda_1 \times S_{fcu} \geq 0.9f_{cu,k}$</td><td colspan="3">$f_{cu,min} \geq \lambda_2 \times f_{cu,k}$</td><td colspan="2">$m_{f,cu} \geq 1.15f_{cu,k}$</td><td colspan="2">$f_{cu,min} \geq 0.95f_{cu,k}$</td></tr>
<tr><td>结果</td><td colspan="3"></td><td colspan="3"></td><td colspan="2"></td><td colspan="2"></td></tr>
<tr><td colspan="11">结论:</td></tr>
<tr><td colspan="4">批准</td><td colspan="4">审核</td><td colspan="3">统计</td></tr>
<tr><td colspan="4"></td><td colspan="4"></td><td colspan="3"></td></tr>
<tr><td colspan="4">报告日期</td><td colspan="7"></td></tr>
</table>

注：本表由建设单位、施工单位、城建档案馆各保存一份。

表A-63　混凝土抗渗试验报告

混凝土抗渗试验报告 表C6-13				编号	
				试验编号	
				委托编号	
工程名称及部位				试件编号	
委托单位				委托试验人	
抗渗等级				配合比编号	
强度等级		养护条件		收样日期	
成形日期		龄期		试验日期	
试验情况：					
结论：					
批准		审核		试验	
试验单位					
报告日期					

注：本表由建设单位、施工单位、城建档案馆各保存一份。

表 A-64　饰面砖粘结强度试验报告

饰面砖粘结强度试验报告 表 C6-14				编号	
				试验编号	
				委托编号	
工程名称				试件编号	
委托单位				试验委托人	
饰面砖品种及牌号				粘贴层次	
饰面砖生产厂及规格				粘贴面积/mm^2	
基本材料		粘结材料		粘结剂	
抽样部位		龄期/d		施工日期	
检验类型		环境温度/℃		试验日期	
仪器及编号					

序号	试件尺寸/mm		受力面积/mm^2	拉力/kN	粘结强度/MPa	破坏状态（序号）	平均强度/MPa
	长	宽					

结论

批准		审核		试验	
试验单位					
报告日期					

注：本表由建设单位、施工单位各保存一份。

表 A-65 超声波探伤报告

<table>
<tr><td colspan="2" rowspan="3">超声波探伤报告
表 C6-15</td><td>编号</td><td></td></tr>
<tr><td>试验编号</td><td></td></tr>
<tr><td>委托编号</td><td></td></tr>
<tr><td>工程名称及施工部位</td><td colspan="3"></td></tr>
<tr><td>委托单位</td><td></td><td>试验委托人</td><td></td></tr>
<tr><td>构件名称</td><td></td><td>检测部位</td><td></td></tr>
<tr><td>材质</td><td></td><td>板厚/mm</td><td></td></tr>
<tr><td>仪器型号</td><td></td><td>试块</td><td></td></tr>
<tr><td>耦合剂</td><td></td><td>表面补偿</td><td></td></tr>
<tr><td>表面状况</td><td></td><td>执行处理</td><td></td></tr>
<tr><td>探头型号</td><td></td><td>探伤日期</td><td></td></tr>
<tr><td colspan="4">探伤结果及说明：</td></tr>
</table>

批准		审核		试验	
试验单位					
报告日期					

注：本表由建设单位、施工单位、城建档案馆各保存一份。

表 A-66 超声波探伤记录

超声波探伤记录 表 C6-16						编号				
工程名称						报告编号				
施工单位						检测单位				
焊缝编号（两侧）	板厚/mm	折射角/(°)	回波高度	X/mm	D/mm	Z/mm	L/mm	级别	评定结果	备注
批准		审核		检测				检测单位名称 （公章）		
报告日期										

注：本表由建设单位、施工单位、城建档案馆各保存一份。

表A-67 钢构件射线探伤报告

<table>
<tr><td colspan="3" rowspan="3">钢构件射线探伤报告
表C6-17</td><td>编号</td><td colspan="2"></td></tr>
<tr><td>试验编号</td><td colspan="2"></td></tr>
<tr><td>委托编号</td><td colspan="2"></td></tr>
<tr><td>工程名称</td><td colspan="5"></td></tr>
<tr><td>委托单位</td><td colspan="2"></td><td>试验委托人</td><td colspan="2"></td></tr>
<tr><td>检测单位</td><td colspan="2"></td><td>检测部位</td><td colspan="2"></td></tr>
<tr><td>构件名称</td><td colspan="2"></td><td>构件编号</td><td colspan="2"></td></tr>
<tr><td>材质</td><td></td><td>焊缝形式</td><td></td><td>板厚/mm</td><td></td></tr>
<tr><td>仪器型号</td><td></td><td>增感方式</td><td></td><td>像质计型号</td><td></td></tr>
<tr><td>胶片型号</td><td></td><td>像质指数</td><td></td><td>黑度</td><td></td></tr>
<tr><td>评定标准</td><td></td><td>焊缝全长</td><td></td><td>探伤比例与长度</td><td></td></tr>
<tr><td colspan="6">探伤结果：</td></tr>
<tr><td>底片编号</td><td>黑度</td><td>灵能度</td><td>主要缺陷</td><td>评级</td><td rowspan="11">示意图：

备注：</td></tr>
<tr><td></td><td></td><td></td><td></td><td></td></tr>
<tr><td></td><td></td><td></td><td></td><td></td></tr>
<tr><td></td><td></td><td></td><td></td><td></td></tr>
<tr><td></td><td></td><td></td><td></td><td></td></tr>
<tr><td></td><td></td><td></td><td></td><td></td></tr>
<tr><td></td><td></td><td></td><td></td><td></td></tr>
<tr><td></td><td></td><td></td><td></td><td></td></tr>
<tr><td></td><td></td><td></td><td></td><td></td></tr>
<tr><td></td><td></td><td></td><td></td><td></td></tr>
<tr><td></td><td></td><td></td><td></td><td></td></tr>
<tr><td>批准</td><td></td><td>审核</td><td></td><td>试验</td><td></td></tr>
<tr><td>试验单位</td><td colspan="5"></td></tr>
<tr><td>报告日期</td><td colspan="5"></td></tr>
</table>

注：本表由建设单位、施工单位、城建档案馆各保存一份。

表 A-68 灌（满）水试验记录

<table>
<tr><td colspan="2">灌（满）水试验记录
表 C6-18</td><td>编号</td><td colspan="2"></td></tr>
<tr><td>工程名称</td><td></td><td>试验日期</td><td colspan="2"></td></tr>
<tr><td>试验项目</td><td></td><td>试验部位</td><td colspan="2"></td></tr>
<tr><td>材质</td><td></td><td>规格</td><td colspan="2"></td></tr>
<tr><td colspan="5">试验要求：</td></tr>
<tr><td colspan="5">试验记录：</td></tr>
<tr><td colspan="5">试验结论：</td></tr>
<tr><td rowspan="3">签字栏</td><td rowspan="2">建设（监理）单位</td><td>施工单位</td><td colspan="2"></td></tr>
<tr><td>专业技术负责人</td><td>专业质检员</td><td>专业工长</td></tr>
<tr><td></td><td></td><td></td><td></td></tr>
</table>

注：本表由施工单位填写并保存。

表 A-69 强度严密性试验记录

<table>
<tr><td colspan="2">强度严密性试验记录
表 C6-19</td><td>编号</td><td></td></tr>
<tr><td>工程名称</td><td></td><td>试验日期</td><td></td></tr>
<tr><td>试验项目</td><td></td><td>试验部位</td><td></td></tr>
<tr><td>材质</td><td></td><td>规格</td><td></td></tr>
<tr><td colspan="4">试验要求：</td></tr>
<tr><td colspan="4">试验记录：</td></tr>
<tr><td colspan="4">试验结论：</td></tr>
</table>

<table>
<tr><td rowspan="3">签字栏</td><td rowspan="2">建设（监理）单位</td><td colspan="3">施工单位</td></tr>
<tr><td>专业技术负责人</td><td>专业质检员</td><td>专业工长</td></tr>
<tr><td></td><td></td><td></td><td></td></tr>
</table>

注：本表由施工单位填写，建设单位、施工单位、城建档案馆各保存一份。

表 A-70 通水试验记录

<table>
<tr><td colspan="2">通水试验记录
表 C6-20</td><td>编号</td><td></td></tr>
<tr><td>工程名称</td><td></td><td>试验日期</td><td></td></tr>
<tr><td>试验项目</td><td></td><td>试验部位</td><td></td></tr>
<tr><td>通水压力/MPa</td><td></td><td>通水流量/(m^3/h)</td><td></td></tr>
<tr><td colspan="4">试验系统简述：</td></tr>
<tr><td colspan="4">试验记录：</td></tr>
<tr><td colspan="4">试验结论：</td></tr>
</table>

<table>
<tr><td rowspan="3">签字栏</td><td rowspan="2">建设（监理）单位</td><td colspan="3">施工单位</td></tr>
<tr><td>专业技术负责人</td><td>专业质检员</td><td>专业工长</td></tr>
<tr><td></td><td></td><td></td><td></td></tr>
</table>

注：本表由施工单位填写并保存。

表A-71　吹（冲）洗（脱脂）试验记录

<table>
<tr><td colspan="2">吹（冲）洗（脱脂）试验记录
表C6-21</td><td>编号</td><td></td></tr>
<tr><td>工程名称</td><td></td><td>试验日期</td><td></td></tr>
<tr><td>试验项目</td><td></td><td>试验部位</td><td></td></tr>
<tr><td>试验介质</td><td></td><td>试验方式</td><td></td></tr>
<tr><td colspan="4">试验记录：</td></tr>
<tr><td colspan="4">试验结论：</td></tr>
</table>

<table>
<tr><td rowspan="3">签字栏</td><td rowspan="2">建设（监理）单位</td><td>施工单位</td><td colspan="2"></td></tr>
<tr><td>专业技术负责人</td><td>专业质检员</td><td>专业工长</td></tr>
<tr><td></td><td></td><td></td><td></td></tr>
</table>

注：本表由施工单位填写并保存。

表 A-72　通球试验记录

<table>
<tr><td colspan="2">通球试验记录
表 C6-22</td><td>编号</td><td></td></tr>
<tr><td>工程名称</td><td></td><td>试验日期</td><td></td></tr>
<tr><td>试验项目</td><td></td><td>试验部位</td><td></td></tr>
<tr><td>管径/mm</td><td></td><td>球径/mm</td><td></td></tr>
<tr><td colspan="4">试验要求：</td></tr>
<tr><td colspan="4">试验记录：</td></tr>
<tr><td colspan="4">试验结论：</td></tr>
</table>

<table>
<tr><td rowspan="3">签字栏</td><td rowspan="2">建设（监理）单位</td><td>施工单位</td><td colspan="2"></td></tr>
<tr><td>专业技术负责人</td><td>专业质检员</td><td>专业工长</td></tr>
<tr><td></td><td></td><td></td><td></td></tr>
</table>

注：本表由施工单位填写，建设单位、施工单位各保存一份。

表 A-73　补偿器安装记录

<table>
<tr><td colspan="2">补偿器安装记录
表 C6-23</td><td colspan="2">编号</td><td colspan="2"></td></tr>
<tr><td colspan="2">工程名称</td><td></td><td>日 期</td><td colspan="2"></td></tr>
<tr><td colspan="2">设计压力/MPa</td><td></td><td>补偿器安装部位</td><td colspan="2"></td></tr>
<tr><td colspan="2">补偿器规格型号</td><td></td><td>补偿器材质</td><td colspan="2"></td></tr>
<tr><td colspan="2">固定支架间距/m</td><td></td><td>管内介质温度/℃</td><td colspan="2"></td></tr>
<tr><td colspan="2">计算预拉值/mm</td><td></td><td>实际预拉值/mm</td><td colspan="2"></td></tr>
<tr><td colspan="6">补偿器安装记录及说明：</td></tr>
<tr><td colspan="6">结论：</td></tr>
<tr><td rowspan="3">签字栏</td><td rowspan="2">建设（监理）单位</td><td>施工单位</td><td colspan="3"></td></tr>
<tr><td>专业技术负责人</td><td>专业质检员</td><td colspan="2">专业工长</td></tr>
<tr><td></td><td></td><td></td><td colspan="2"></td></tr>
</table>

注：本表由施工单位填写并保存。

表 A-74 消火栓试射记录

<table>
<tr><td colspan="2">消火栓试射记录
表 C6-24</td><td>编号</td><td colspan="2"></td></tr>
<tr><td>工程名称</td><td></td><td>试射日期</td><td colspan="2"></td></tr>
<tr><td>试射消火栓位置</td><td></td><td>启泵按钮</td><td colspan="2">□合格 □不合格</td></tr>
<tr><td>消火栓组件</td><td>□合格 □不合格</td><td>栓口安装</td><td colspan="2">□合格 □不合格</td></tr>
<tr><td>栓口水枪型号</td><td>□合格 □不合格</td><td>卷盘间距、组件</td><td colspan="2">□合格 □不合格</td></tr>
<tr><td>栓口静压/MPa</td><td></td><td>栓口动压/MPa</td><td colspan="2"></td></tr>
<tr><td colspan="5">试验要求：</td></tr>
<tr><td colspan="5">试验情况记录：</td></tr>
<tr><td colspan="5">试验结论：</td></tr>
<tr><td rowspan="3">签字栏</td><td rowspan="2">建设（监理）单位</td><td colspan="3">施工单位</td></tr>
<tr><td>专业技术负责人</td><td>专业质检员</td><td>专业工长</td></tr>
<tr><td></td><td></td><td></td><td></td></tr>
</table>

注：本表由施工单位填写，建设单位、施工单位、城建档案馆各保存一份。

表 A-75　安全附件安装检查记录

<table>
<tr><td colspan="3">安全附件安装检查记录
表 C6-25</td><td>编号</td><td colspan="2"></td></tr>
<tr><td colspan="2">工程名称</td><td></td><td>安装位号</td><td colspan="2"></td></tr>
<tr><td colspan="2">锅炉型号</td><td></td><td>工作介质</td><td colspan="2"></td></tr>
<tr><td colspan="2">设计（额定）压力/MPa</td><td></td><td>最大工作压力/MPa</td><td colspan="2"></td></tr>
<tr><td colspan="3">检查项目</td><td colspan="3">检查结果</td></tr>
<tr><td rowspan="6">压力表</td><td colspan="2">量程及精度等级</td><td colspan="3">MPa；级</td></tr>
<tr><td colspan="2">校验日期</td><td colspan="3">年　月　日</td></tr>
<tr><td colspan="2">在最大工作压力处应划红线</td><td colspan="2">□已划</td><td>□未划</td></tr>
<tr><td colspan="2">旋塞或针形阀是否灵活</td><td colspan="2">□灵活</td><td>□不灵活</td></tr>
<tr><td colspan="2">蒸汽压力表管是否设存水弯管</td><td colspan="2">□已设</td><td>□未设</td></tr>
<tr><td colspan="2">铅封是否完好</td><td colspan="2">□完好</td><td>□不完好</td></tr>
<tr><td rowspan="5">安全阀</td><td colspan="2">开启压力范围</td><td colspan="3">MPa ~ MPa</td></tr>
<tr><td colspan="2">检验日期</td><td colspan="3">年　月　日</td></tr>
<tr><td colspan="2">铅封是否完好</td><td colspan="2">□完好</td><td>□不完好</td></tr>
<tr><td colspan="2">安全阀排放管应引至安全地点</td><td colspan="2">□是</td><td>□不是</td></tr>
<tr><td colspan="2">锅炉安全阀应有泄水管</td><td colspan="2">□有</td><td>□没有</td></tr>
<tr><td rowspan="3">水位计（液位计）</td><td colspan="2">锅炉水位计应有泄水管</td><td colspan="2">□有</td><td>□没有</td></tr>
<tr><td colspan="2">水位计应划出高、低水位红线</td><td colspan="2">□已划</td><td>□未划</td></tr>
<tr><td colspan="2">水位计旋塞（阀门）是否灵活</td><td colspan="2">□灵活</td><td>□不灵活</td></tr>
<tr><td rowspan="3">报警装置</td><td colspan="2">校验日期</td><td colspan="3">年　月　日</td></tr>
<tr><td colspan="2">报警高低限（声、光报警）</td><td colspan="2">□灵敏、准确</td><td>□不合格</td></tr>
<tr><td colspan="2">联锁装置工作情况</td><td colspan="2">□动作迅速、灵敏</td><td>□不合格</td></tr>
<tr><td colspan="6">说明：</td></tr>
<tr><td colspan="6">结论：　　□合格　　□不合格</td></tr>
<tr><td rowspan="3">签字栏</td><td rowspan="2">建设（监理）单位</td><td>施工单位</td><td colspan="3"></td></tr>
<tr><td>专业技术负责人</td><td>专业质检员</td><td colspan="2">专业工长</td></tr>
<tr><td></td><td></td><td></td><td colspan="2"></td></tr>
</table>

注：本表由施工单位填写，建设单位、施工单位、城建档案馆各保存一份。

表 A-76　锅炉封闭及烘炉（烘干）记录

<table>
<tr><td colspan="3">锅炉封闭及烘炉（烘干）记录
表 C6-26</td><td>编号</td><td colspan="5"></td></tr>
<tr><td>工程名称</td><td colspan="2"></td><td>安装位号</td><td colspan="5"></td></tr>
<tr><td>锅炉型号</td><td colspan="2"></td><td>试验日期</td><td colspan="5"></td></tr>
<tr><td colspan="9">设备/管道封闭前的内部观察情况：</td></tr>
<tr><td>封闭方法</td><td colspan="8"></td></tr>
<tr><td rowspan="2">烘干方法</td><td rowspan="2"></td><td rowspan="2">烘炉时间</td><td>起始时间</td><td>年</td><td>月</td><td>日</td><td>时</td><td>分</td></tr>
<tr><td>终止时间</td><td>年</td><td>月</td><td>日</td><td>时</td><td>分</td></tr>
<tr><td colspan="2">温度区间/℃</td><td colspan="3">升降温速度/(℃/h)</td><td colspan="4">所用时间/h</td></tr>
<tr><td colspan="2"></td><td colspan="3"></td><td colspan="4"></td></tr>
<tr><td colspan="2"></td><td colspan="3"></td><td colspan="4"></td></tr>
<tr><td colspan="2"></td><td colspan="3"></td><td colspan="4"></td></tr>
<tr><td colspan="2"></td><td colspan="3"></td><td colspan="4"></td></tr>
<tr><td colspan="2"></td><td colspan="3"></td><td colspan="4"></td></tr>
<tr><td colspan="2"></td><td colspan="3"></td><td colspan="4"></td></tr>
<tr><td colspan="9">烘炉（烘干）曲线图（包括计划曲线及实际曲线）：</td></tr>
<tr><td>结论</td><td colspan="8">□合格　□不合格</td></tr>
<tr><td rowspan="3">签字栏</td><td rowspan="2">建设（监理）单位</td><td colspan="7">施工单位</td></tr>
<tr><td>专业技术负责人</td><td colspan="3">专业质检员</td><td colspan="3">专业工长</td></tr>
<tr><td></td><td></td><td colspan="3"></td><td colspan="3"></td></tr>
</table>

注：本表由施工单位填写，建设单位、施工单位、城建档案馆各保存一份。

表 A-77　锅炉煮炉试验记录

<table>
<tr><td colspan="3">锅炉煮炉试验记录
表 C6-27</td><td colspan="2">编号</td><td></td></tr>
<tr><td colspan="2">工程名称</td><td></td><td colspan="2">安装位号</td><td></td></tr>
<tr><td colspan="2">锅炉型号</td><td></td><td colspan="2">煮炉日期</td><td></td></tr>
<tr><td colspan="6">试验要求：
1. 检查煮炉前的污垢厚度，确定锅炉加药配方
2. 煮炉后检查受热面内部清洁程度，记录煮炉时间、压力</td></tr>
<tr><td colspan="6">试验记录：</td></tr>
<tr><td colspan="6">试验结论：</td></tr>
<tr><td rowspan="3">签字栏</td><td rowspan="2">建设（监理）单位</td><td>施工单位</td><td colspan="3"></td></tr>
<tr><td>专业技术负责人</td><td>专业质检员</td><td colspan="2">专业工长</td></tr>
<tr><td></td><td></td><td></td><td colspan="2"></td></tr>
</table>

注：本表由施工单位填写，建设单位、施工单位、城建档案馆各保存一份。

表 A-78 锅炉试运行记录

<table>
<tr><td colspan="2">锅炉试运行记录
表 C6-28</td><td colspan="2">编号</td></tr>
<tr><td>工程名称</td><td colspan="3"></td></tr>
<tr><td>施工单位</td><td colspan="3"></td></tr>
<tr><td colspan="4">本锅炉在安全附件检验合格后：由＿＿＿＿＿统一组织，经＿＿＿＿＿共同验收，自＿＿年＿＿月＿＿日＿＿时至＿＿年＿＿月＿＿日＿＿时试运行，运行正常，符合规程及设计文件要求，试运行合格。</td></tr>
<tr><td colspan="4">试运行情况记录：

记录人：</td></tr>
<tr><td>建设单位
（签章）</td><td>监理单位
（签章）</td><td>管理单位
（签章）</td><td>施工单位
（签章）</td></tr>
<tr><td></td><td></td><td></td><td></td></tr>
</table>

注：本表由施工单位填写，建设单位、施工单位、城建档案馆各保存一份。

表 A-79 电气接地电阻测试记录

<table>
<tr><td colspan="3">电气接地电阻测试记录
表 C6-29</td><td>编号</td><td colspan="3"></td></tr>
<tr><td colspan="2">工程名称</td><td></td><td>测试日期</td><td colspan="3"></td></tr>
<tr><td colspan="2">仪表型号</td><td></td><td>天气情况</td><td></td><td>气温/℃</td><td></td></tr>
<tr><td>接地类型</td><td colspan="6">□防雷接地 □计算机接地 □工作接地
□保护接地 □防静电接地 □逻辑接地
□重复接地 □综合接地 □医疗设备接地</td></tr>
<tr><td>设计要求</td><td colspan="6">□ ≤10Ω □≤4Ω □≤1Ω
□≤0.1Ω</td></tr>
<tr><td colspan="7">测试结论：</td></tr>
</table>

<table>
<tr><td rowspan="3">签字栏</td><td rowspan="2">建设（监理）单位</td><td colspan="3">施工单位</td></tr>
<tr><td>专业技术负责人</td><td>专业质检员</td><td>专业测试</td></tr>
<tr><td></td><td></td><td></td><td></td></tr>
</table>

注：本表由施工单位填写，建设单位、施工单位、城建档案馆各保存一份。

表 A-80 电气防雷接地装置隐检与平面示意图

电气防雷接地装置隐检与平面示意图 表 C6-30			编号		
工程名称			图号		
接地类型		组数		设计要求	≤ Ω
接地装置平面示意图（绘制比例要适当，注明各组别编号及有关尺寸）					
接地装置敷设情况检查表（尺寸单位：mm）					
槽沟尺寸			土质情况		
接地极规格			打进深度		
接地体规格			焊接情况		
防腐处理			接地电阻	（取最大值） Ω	
检验结论			检验日期		
签字栏	建设（监理）单位	施工单位			
		专业技术负责人	专业质检员	专业工长	

注：本表由施工单位填写，建设单位、施工单位、城建档案馆各保存一份。

表A-81 电气绝缘电阻测试记录

电气绝缘电阻测试记录 表C6-31			编号		
工程名称			测试日期	年 月 日	
计量单位			天气情况		
仪表型号		电压		气温	

试验内容		相间			相对零			相对地			零对地
		$L_1—L_2$	$L_2—L_3$	$L_3—L_1$	$L_1—N$	$L_2—N$	$L_3—N$	$L_1—PE$	$L_2—PE$	$L_3—PE$	N—PE
层数、路别、名称、编号											

测试结论：

签字栏	建设（监理）单位	施工单位		
		技术负责人	质检员	测试人

注：本表由施工单位填写，建设单位、施工单位各保存一份。

表 A-82 电气器具通电安全检查记录

电气器具通电安全检查记录 表C6-32											编号																
工程名称											检查日期																
楼门单元或区域场所																											
层数	开关									灯具									插座								
	1	2	3	4	5	6	7	8	9	1	2	3	4	5	6	7	8	9	1	2	3	4	5	6	7	8	9

检查结论：

签字栏	施工单位		
	专业技术负责人	专业质检员	专业工长

注：本表由施工单位填写，建设单位、施工单位各保存一份。

表A-83 电气设备空载试运行记录

<table>
<tr><td colspan="5">电气设备空载试运行记录
表C6-33</td><td colspan="2">编号</td><td colspan="2"></td></tr>
<tr><td colspan="2">工程名称</td><td colspan="7"></td></tr>
<tr><td colspan="2">试运项目</td><td colspan="3"></td><td colspan="2">填写日期</td><td colspan="2"></td></tr>
<tr><td colspan="2">试运时间</td><td colspan="7">由 日 时 分开始至 日 时 分结束</td></tr>
<tr><td rowspan="14">运行负荷记录</td><td rowspan="2">运行时间</td><td colspan="3">运行电压（V）</td><td colspan="3">运行电流/A</td><td rowspan="2">温度/℃</td></tr>
<tr><td>L_1—N
（L_1—L_2）</td><td>L_2—N
（L_2—L_3）</td><td>L_3—N
（L_3—L_1）</td><td>L_1 相</td><td>L_2 相</td><td>L_3 相</td></tr>
<tr><td></td><td></td><td></td><td></td><td></td><td></td><td></td><td></td></tr>
<tr><td></td><td></td><td></td><td></td><td></td><td></td><td></td><td></td></tr>
<tr><td></td><td></td><td></td><td></td><td></td><td></td><td></td><td></td></tr>
<tr><td></td><td></td><td></td><td></td><td></td><td></td><td></td><td></td></tr>
<tr><td></td><td></td><td></td><td></td><td></td><td></td><td></td><td></td></tr>
<tr><td></td><td></td><td></td><td></td><td></td><td></td><td></td><td></td></tr>
<tr><td></td><td></td><td></td><td></td><td></td><td></td><td></td><td></td></tr>
<tr><td></td><td></td><td></td><td></td><td></td><td></td><td></td><td></td></tr>
<tr><td></td><td></td><td></td><td></td><td></td><td></td><td></td><td></td></tr>
<tr><td></td><td></td><td></td><td></td><td></td><td></td><td></td><td></td></tr>
<tr><td></td><td></td><td></td><td></td><td></td><td></td><td></td><td></td></tr>
<tr><td></td><td></td><td></td><td></td><td></td><td></td><td></td><td></td></tr>
<tr><td colspan="9">试运行情况记录：</td></tr>
<tr><td rowspan="3">签字栏</td><td rowspan="2" colspan="2">建设（监理）单位</td><td colspan="6">施工单位</td></tr>
<tr><td colspan="2">专业技术负责人</td><td colspan="2">专业质检员</td><td colspan="2">专业工长</td></tr>
<tr><td colspan="2"></td><td colspan="2"></td><td colspan="2"></td><td colspan="2"></td></tr>
</table>

注：本表由施工单位填写，建设单位、施工单位各保存一份。

表 A-84 建筑物照明通电试运行记录

<table>
<tr><td colspan="4">建筑物照明通电试运行记录
表 C6-34</td><td colspan="5">编号</td></tr>
<tr><td colspan="2">工程名称</td><td colspan="5"></td><td colspan="2">公建□/住宅□</td></tr>
<tr><td colspan="2">试运项目</td><td colspan="2"></td><td colspan="2">填写日期</td><td colspan="3"></td></tr>
<tr><td colspan="2">试运时间</td><td colspan="7">由　日　时　分开始，至　日　时　分结束</td></tr>
<tr><td rowspan="14">运行负荷记录</td><td rowspan="2">运行时间</td><td colspan="3">运行电压/V</td><td colspan="3">运行电流/A</td><td rowspan="2">温度/℃</td></tr>
<tr><td>L_1—N
(L_1—L_2)</td><td>L_2—N
(L_2—L_3)</td><td>L_3—N
(L_3—L_1)</td><td>L_1 相</td><td>L_2 相</td><td>L_3 相</td></tr>
<tr><td></td><td></td><td></td><td></td><td></td><td></td><td></td><td></td></tr>
<tr><td></td><td></td><td></td><td></td><td></td><td></td><td></td><td></td></tr>
<tr><td></td><td></td><td></td><td></td><td></td><td></td><td></td><td></td></tr>
<tr><td></td><td></td><td></td><td></td><td></td><td></td><td></td><td></td></tr>
<tr><td></td><td></td><td></td><td></td><td></td><td></td><td></td><td></td></tr>
<tr><td></td><td></td><td></td><td></td><td></td><td></td><td></td><td></td></tr>
<tr><td></td><td></td><td></td><td></td><td></td><td></td><td></td><td></td></tr>
<tr><td></td><td></td><td></td><td></td><td></td><td></td><td></td><td></td></tr>
<tr><td></td><td></td><td></td><td></td><td></td><td></td><td></td><td></td></tr>
<tr><td></td><td></td><td></td><td></td><td></td><td></td><td></td><td></td></tr>
<tr><td></td><td></td><td></td><td></td><td></td><td></td><td></td><td></td></tr>
<tr><td></td><td></td><td></td><td></td><td></td><td></td><td></td><td></td></tr>
<tr><td colspan="9">试运行情况记录：</td></tr>
<tr><td rowspan="3">签字栏</td><td rowspan="2" colspan="2">建设（监理）单位</td><td colspan="2">施工单位</td><td colspan="4"></td></tr>
<tr><td colspan="2">专业技术负责人</td><td colspan="2">专业质检员</td><td colspan="2">专业工长</td></tr>
<tr><td colspan="2"></td><td colspan="2"></td><td colspan="2"></td><td colspan="2"></td></tr>
</table>

注：本表由施工单位填写，建设单位、施工单位各保存一份。

表 A-85 大型照明灯具承载试验记录

<table>
<tr><td colspan="2">大型照明灯具承载试验记录
表 C6-35</td><td>编号</td><td colspan="2"></td></tr>
<tr><td>工程名称</td><td colspan="4"></td></tr>
<tr><td>楼层</td><td></td><td>试验日期</td><td colspan="2"></td></tr>
<tr><td>灯具名称</td><td>安装部位</td><td>数量</td><td>灯具自重/kg</td><td>试验载重/kg</td></tr>
<tr><td></td><td></td><td></td><td></td><td></td></tr>
<tr><td></td><td></td><td></td><td></td><td></td></tr>
<tr><td></td><td></td><td></td><td></td><td></td></tr>
<tr><td></td><td></td><td></td><td></td><td></td></tr>
<tr><td></td><td></td><td></td><td></td><td></td></tr>
<tr><td></td><td></td><td></td><td></td><td></td></tr>
<tr><td></td><td></td><td></td><td></td><td></td></tr>
<tr><td></td><td></td><td></td><td></td><td></td></tr>
<tr><td></td><td></td><td></td><td></td><td></td></tr>
<tr><td></td><td></td><td></td><td></td><td></td></tr>
<tr><td></td><td></td><td></td><td></td><td></td></tr>
<tr><td></td><td></td><td></td><td></td><td></td></tr>
<tr><td></td><td></td><td></td><td></td><td></td></tr>
<tr><td></td><td></td><td></td><td></td><td></td></tr>
<tr><td></td><td></td><td></td><td></td><td></td></tr>
<tr><td></td><td></td><td></td><td></td><td></td></tr>
<tr><td colspan="5">检查结论：</td></tr>
</table>

<table>
<tr><td rowspan="3">签字栏</td><td rowspan="2">建设（监理）单位</td><td>施工单位</td><td colspan="2"></td></tr>
<tr><td>专业技术负责人</td><td>专业质检员</td><td>专业工长</td></tr>
<tr><td></td><td></td><td></td><td></td></tr>
</table>

注：本表由施工单位填写，建设单位、施工单位各保存一份。

表 A-86　漏电开关模拟试验记录

漏电开关模拟试验记录 表 C6-36			编号		
工程名称					
试验器具			试验日期		
安装部位	型号	设计要求		实际测试	
		动作电流/mA	动作时间/ms	动作电流/mA	动作时间/ms
测试结论：					
签字栏	建设（监理）单位	施工单位		
		专业技术负责人	专业质检员	专业工长

注：本表由施工单位填写，建设单位、施工单位各保存一份。

表 A-87 大容量电气线路结点测温记录

<table>
<tr><td colspan="3">大容量电气线路结点测温记录
表 C6-37</td><td colspan="2">编号</td><td colspan="2"></td></tr>
<tr><td colspan="2">工程名称</td><td colspan="5"></td></tr>
<tr><td colspan="2">测试地点</td><td colspan="2"></td><td colspan="2">测试品种</td><td>导线□/母线□/开关□</td></tr>
<tr><td colspan="2">测试工具</td><td colspan="2"></td><td colspan="2">测试日期</td><td></td></tr>
<tr><td colspan="2">测试回路（部位）</td><td>测试时间</td><td colspan="2">电流/A</td><td>设计温度/℃</td><td>测试温度/℃</td></tr>
<tr><td colspan="2"></td><td></td><td colspan="2"></td><td></td><td></td></tr>
<tr><td colspan="2"></td><td></td><td colspan="2"></td><td></td><td></td></tr>
<tr><td colspan="2"></td><td></td><td colspan="2"></td><td></td><td></td></tr>
<tr><td colspan="2"></td><td></td><td colspan="2"></td><td></td><td></td></tr>
<tr><td colspan="2"></td><td></td><td colspan="2"></td><td></td><td></td></tr>
<tr><td colspan="2"></td><td></td><td colspan="2"></td><td></td><td></td></tr>
<tr><td colspan="2"></td><td></td><td colspan="2"></td><td></td><td></td></tr>
<tr><td colspan="2"></td><td></td><td colspan="2"></td><td></td><td></td></tr>
<tr><td colspan="2"></td><td></td><td colspan="2"></td><td></td><td></td></tr>
<tr><td colspan="2"></td><td></td><td colspan="2"></td><td></td><td></td></tr>
<tr><td colspan="2"></td><td></td><td colspan="2"></td><td></td><td></td></tr>
<tr><td colspan="2"></td><td></td><td colspan="2"></td><td></td><td></td></tr>
<tr><td colspan="2"></td><td></td><td colspan="2"></td><td></td><td></td></tr>
<tr><td colspan="2"></td><td></td><td colspan="2"></td><td></td><td></td></tr>
<tr><td colspan="2"></td><td></td><td colspan="2"></td><td></td><td></td></tr>
<tr><td colspan="7">测试结论：</td></tr>
<tr><td rowspan="3">签字栏</td><td colspan="2" rowspan="2">建设（监理）单位</td><td>施工单位</td><td colspan="3"></td></tr>
<tr><td>专业技术负责人</td><td colspan="2">专业质检员</td><td>专业工长</td></tr>
<tr><td colspan="2"></td><td></td><td colspan="2"></td><td></td></tr>
</table>

注：本表由施工单位填写，建设单位、施工单位各保存一份。

表 A-88　避雷带支架拉力测试记录

避雷带支架拉力测试记录 表 C6-38				编号			
工程名称							
测试部位				测试日期			
序号	拉力/kg	序号	拉力/kg	序号	拉力/kg	序号	拉力/kg
检查结论：							
签字栏	建设（监理）单位	施工单位					
		专业技术负责人	专业质检员	专业工长			

注：本表由施工单位填写，建设单位、施工单位各保存一份。

表 A-89 风管漏风检测记录

风管漏风检测记录 表 C6-39		编号	
工程名称		试验日期	
系统名称		工作压力/Pa	
系统总面积/m^2		试验压力/Pa	
试验总面积/m^2		系统检测分段数	

检测区段图示	分段实测数值			
	序号	分段表面积/m^2	试验压力/Pa	实际漏风量/(m^3/h)

系统允许漏风量/(m^3/h)		实测系统漏风量/(m^3/h)	
检测结论:			

签字栏	建设（监理）单位	施工单位		
		专业技术负责人	专业质检员	专业工长

注：本表由施工单位填写并保存。

表 A-90　现场组装除尘器、空调机组漏风检测记录

<table>
<tr><td colspan="2">现场组装除尘器、空调机组漏风检测记录
表 C6-41</td><td>编号</td><td colspan="2"></td></tr>
<tr><td>工程名称</td><td></td><td>分部工程</td><td colspan="2"></td></tr>
<tr><td>分项工程</td><td></td><td>检测日期</td><td colspan="2"></td></tr>
<tr><td>设备名称</td><td></td><td>型号规格</td><td colspan="2"></td></tr>
<tr><td>总风量/(m^3/h)</td><td></td><td>允许漏风率（%）</td><td colspan="2"></td></tr>
<tr><td>工作压力/Pa</td><td></td><td>测试压力/Pa</td><td colspan="2"></td></tr>
<tr><td>允许漏风量
/(m^3/h)</td><td></td><td>实测漏风量
/(m^3/h)</td><td colspan="2"></td></tr>
<tr><td colspan="5">检测记录：</td></tr>
<tr><td colspan="5">检测结论：</td></tr>
<tr><td rowspan="3">签字栏</td><td rowspan="2">建设（监理）单位</td><td colspan="3">施工单位</td></tr>
<tr><td>专业技术负责人</td><td>专业质检员</td><td>专业工长</td></tr>
<tr><td></td><td></td><td></td><td></td></tr>
</table>

注：本表由施工单位填写并保存。

表 A-91　各房间室内风量温度测量记录

各房间室内风量温度测量记录 表 C6-42			编号	
工程名称			测量日期	
系统名称			系统位置	
项目 房间（测点）编号	风量/(m^3/h)			所在房间室内温度
	设计风量 ($Q_{设}$)	实际风量 ($Q_{实}$)	相对差	
施工单位				
测量人		记录人		审核人

注：本表由施工单位填写并保存。

表 A-92 管网风量平衡记录

管网风量平衡记录 表 C6-43							编号			
工程名称							测试日期			
系统名称							系统位置			
测点编号	风管规格 /(mm × mm)	断面积 /m^2	平均风压/Pa			风速 /(m/s)	风量/(m^3/h)		相对差	使用仪器编号
			动压	静压	全压		设计 ($Q_{设}$)	实际 ($Q_{实}$)		
施工单位										
审核人			测定人					记录人		

注：本表由施工单位填写并保存。

表A-93　空调系统试运转调试记录

<table>
<tr><td colspan="3">空调系统试运转调试记录
表C6-44</td><td>编号</td><td></td></tr>
<tr><td>工程名称</td><td colspan="2"></td><td>试运转调试日期</td><td></td></tr>
<tr><td>系统名称</td><td colspan="2"></td><td>系统所在位置</td><td></td></tr>
<tr><td>实测总风量/(m^3/h)</td><td colspan="2"></td><td>设计总风量/(m^3/h)</td><td></td></tr>
<tr><td>设计风机全压/Pa</td><td colspan="2"></td><td>实测风机全压/Pa</td><td></td></tr>
<tr><td colspan="5">试运转、调试内容：</td></tr>
<tr><td colspan="5">试运转、调试结论：</td></tr>
<tr><td rowspan="3">签字栏</td><td rowspan="2">建设（监理）单位</td><td colspan="3">施工单位</td></tr>
<tr><td>专业技术负责人</td><td>专业质检员</td><td>专业工长</td></tr>
<tr><td></td><td></td><td></td><td></td></tr>
</table>

注：本表由施工单位填写，建设单位、施工单位、城建档案馆各保存一份。

表 A-94 空调水系统试运转调试记录

<table>
<tr><td colspan="2">空调水系统试运转调试记录
表 C6-45</td><td>编号</td><td></td></tr>
<tr><td>工程名称</td><td></td><td>试运转调试日期</td><td></td></tr>
<tr><td>设计空调冷（热）水总流量（$Q_{设}$）/(m^3/h)</td><td></td><td rowspan="2">相对差</td><td rowspan="2"></td></tr>
<tr><td>实际空调冷（热）水总流量（$Q_{实}$）/(m^3/h)</td><td></td></tr>
<tr><td>空调冷（热）水供水温度/℃</td><td></td><td>空调冷（热）水回水温度/℃</td><td></td></tr>
<tr><td>设计冷却水总流量/(m^3/h)</td><td></td><td rowspan="2">相对差</td><td rowspan="2"></td></tr>
<tr><td>实际冷却水总流量/(m^3/h)</td><td></td></tr>
<tr><td>冷却水供水温度/℃</td><td></td><td>冷却水回水温度/℃</td><td></td></tr>
<tr><td colspan="4">试运转、调试内容：</td></tr>
<tr><td colspan="4">试运转、调试结论：</td></tr>
</table>

<table>
<tr><td rowspan="3">签字栏</td><td rowspan="2">建设（监理）单位</td><td>施工单位</td><td colspan="2"></td></tr>
<tr><td>专业技术负责人</td><td>专业质检员</td><td>专业工长</td></tr>
<tr><td></td><td></td><td></td><td></td></tr>
</table>

注：本表由施工单位填写，建设单位、施工单位、城建档案馆各保存一份。

表 A-95 制冷系统气密性试验记录

制冷系统气密性试验记录 表 C6-46		编号	
工程名称		试验时间	
试验项目		试验部位	

管道编号	气密性试验			
	试验介质	试验压力/MPa	停压时间	试验结果

管道编号	真空试验			
	设计真空度/kPa	试验真空度/kPa	试验时间	试验结果

管道编号	充制冷剂试验			
	充制冷剂压力/MPa	检漏仪器	补漏位置	试验结果

试验结论：

签字栏	建设（监理）单位	施工单位		
		专业技术负责人	专业质检员	专业工长

注：本表由施工单位填写，建设单位、施工单位、城建档案馆各保存一份。

表 A-96 净化空调系统测试记录

<table>
<tr><td colspan="3">净化空调系统测试记录
表 C6-47</td><td>编号</td><td colspan="2"></td></tr>
<tr><td>工程名称</td><td colspan="2"></td><td>试验日期</td><td colspan="2"></td></tr>
<tr><td>系统名称</td><td colspan="2"></td><td>洁净室级别</td><td colspan="2"></td></tr>
<tr><td>仪器型号</td><td colspan="2"></td><td>仪器编号</td><td colspan="2"></td></tr>
<tr><td rowspan="2">高效
过滤器</td><td>型号</td><td></td><td>数量</td><td colspan="2"></td></tr>
<tr><td>测试内容</td><td colspan="4"></td></tr>
<tr><td>室内
洁净度</td><td>测试内容</td><td colspan="4"></td></tr>
<tr><td colspan="6">测试结论：</td></tr>
<tr><td rowspan="3">签字栏</td><td rowspan="2">建设（监理）单位</td><td colspan="4">施工单位</td></tr>
<tr><td>专业技术负责人</td><td>专业质检员</td><td colspan="2">专业工长</td></tr>
<tr><td></td><td></td><td></td><td colspan="2"></td></tr>
</table>

注：本表由施工单位填写，建设单位、施工单位、城建档案馆各保存一份。

表 A-97　防排烟系统联合试运行记录

防排烟系统联合试运行记录 表 C6-48		编号	
工程名称		试运行时间	
试运行项目		试运行楼层	
风道类别		风机类别型号	
电源形式		防火（风）阀类别	

序号	风口尺寸	风速/(m/s)	风量/(m^3/h)		相对差	风压/Pa
			设计风量（$Q_{设}$）	实际风量（$Q_{实}$）		

试运行结论：

签字栏	建设（监理）单位	施工单位		
		专业技术负责人	专业质检员	专业工长

注：本表由施工单位填写，建设单位、施工单位、城建档案馆各保存一份。

附录B　主要施工物资的取样与试验项目

序号	材料名称及相关标准代号		试验项目	组批原则及取样规定
1	水泥	（1）硅酸盐水泥 （2）普通硅酸盐水泥 （3）矿渣硅酸盐水泥 （4）粉煤灰硅酸盐水泥 （5）火山灰质硅酸盐水泥 （6）复合硅酸盐水泥 （GB175—1999） （GB1344—1999） （GB12958—1999）	必试：安定性、凝结时间、强度 其他：细度、烧失量、三氧化硫、火碱含量	（1）散装水泥 ① 以同一水泥厂生产的同期出厂的同品种、同强度等级、同一出厂编号的水泥为一验收批，但一验收批的总量不得超过500t ② 随机从不少于3个车罐中各取等量水泥，经混拌均匀后，再从中称取不少于12kg的水泥作为试样 （2）袋装水泥 ① 以同一水泥厂生产的同期出厂的同品种、同强度等级、同一出厂编号的水泥为一验收批，但一验收的总量不得超过200t ② 随机从不少于20袋中各取等量水泥，经混拌均匀后，再从中称取不少于12kg的水泥作为试样
		（7）砌筑水泥 （GB3183—1997）	必试：安定性、凝结时间、强度、泌水性（砌筑工程） 其他：细度、流动度	
		（8）高铝水泥 （GB201—2000）	必试：强度、凝结时间、细度 其他：化学成分	（1）同一水泥厂、同一类型、同一编号的水泥，120t为一取样单位，不足120t也按一取样单位计 （2）取样要有代表性，可从20袋中各取等量样品，总量至少15kg 注：水泥取样后，超过45天使用时须重新取样试验
		（9）快硬硅酸盐水泥 （GB199—1990）	必试：强度、凝结时间、安定性 其他：细度、氧化镁、三氧化硫	（1）同一水泥厂、同一类型、同一编号的水泥，400t为一取样单位，不足400t也按一取样单位计 （2）取样要有代表性，可从20袋中各取等量样品，总量至少14kg
2	掺合料	（1）粉煤灰 （GB1596—1991）	必试：细度、烧失量、需水量比 其他：含水量、三氧化硫	（1）以连续供应相同等级的不超过200t为一验收批，每批取试样一组（不少于1kg） （2）散装灰取样，从不同部位取15份试样，每份1～3kg，混合拌匀按四分法缩取出1kg送试（平均样） （3）袋装灰取样，从每批任抽10袋每袋不少于1kg，按上述方法取平均样1kg送试
		（2）天然沸石粉 （GB201—2000）	必试：细度、需水量比、吸铵值 其他：水泥胶砂28天抗压强度比	（1）以相同等级的沸石粉每120t为一验收批，不足120t也按一批计。每一验收批取样一组（不少于1kg） （2）袋装粉取样时，应从每批中任抽10袋，每袋中各试样不得少于1kg，按四分法缩取平均试样 （3）散装沸石粉取样时，应从不同部位取10份试样，每份不少于1kg，然后缩取平均试样

（续）

序号	材料名称及相关标准代号		试验项目	组批原则及取样规定
3	砂 （JGJ52—1992）		必试：筛分析、含泥量、泥块含量 其他：密度、有害物质含量、坚固性、碱活性检验、含水率	（1）以同一产地、同一规格每 $400m^3$ 或 600t 为一验收批，不足 $400m^3$ 或 600t 也按一批计。每一验收批取样一组（20kg） （2）当质量比较稳定，进料量较大时，可定期检验 （3）取样部位应均匀分部，在料堆上从 8 个不同部位抽取等量试样（每分 11kg）。然后用四分法缩至 20kg，取样前先将取样部位表面铲除
4	碎石或卵石 （JGJ53—1992）		必试：筛分析、含泥量、泥块含量、针片状颗粒含量、压碎指标 其他：密度、有害物质含量、坚固性、碱活性检验、含水率	（1）以同一产地、同一规格每 $400m^3$ 或 600t 为一验收批，不足 $400m^3$ 或 600t 也按一批计。每一验收批取样一组（20kg） （2）当质量比较稳定，进料量较大时，可定期检验 （3）一组试样 40kg（最大粒径 10mm、16mm、20mm）或 80kg（最大粒径 31.5mm、40mm）取样部位应均匀分布，在料堆上从 5 个不同的部位抽取大致相等的试样 15 份（粒堆的顶部、中部、底部）。每份 5～40kg，然后缩分到 40kg 或 60kg 送试
5	混凝土拌合用水 （JGJ63—1989）		必试：pH 值、氯离子含量 其他：不溶物、硫化物含量	（1）取样数量为 23L （2）取样方法：井水、钻孔水和自来水应放水冲洗管道后采集；湖水应在中心位或水面下 500mm 处采集
6	轻集料	轻粗集料 （GB/T17431.1.2—1998）	必试：筛分析、堆积密度、吸水率、筒压强度、粒型系数 其他：软化系数、有害物质含量、烧失量	（1）以同一品种、同一密度等级每 $200m^3$ 为一验收批，不足 $200m^3$ 也按一批计 （2）试样可以从料堆自上到下不同部位、不同方向任选 10 点（袋装料应从 10 袋中抽取）应避免取离析的及面层的材料 （3）初次抽取的试样量应不少于 10 份，其总料应多于试验用料量的一倍，拌合均匀后，按四分法缩分到试验所需的用料量；轻粗集料为 50L（以必试项目计）轻细集料为 10L（以必试项目计）
		轻细集料 （GB/T17431.12—1998）	必试：筛分析、堆积密度 其他：软化系数、有害物质含量、烧失量	
7	石灰	建筑生石灰 （JC/T479—1992）	必试：— 其他：CaO + MgO 含量、未消化残渣含量、CO_2 含量产浆量	（1）以同一厂家、同一类别、同一等级不超过 100t 为一批验收 （2）从不同部位选取，取样点不少于 12 个，每个点不少于 2kg，缩分至 9kg
		建筑生石灰粉 （JC/T481—1992）	必试：— 其他：CaO + MgO 含量、细度	（1）以同一生产厂、同一类别、同一等级不超过 100t 为一批验收批 （2）从本批中随机抽取 10 袋样品，每袋取样不少于 500g，缩分至 1kg

（续）

序号	材料名称及相关标准代号		试验项目	组批原则及取样规定
7	石灰	建筑消石灰 （JC/T480—1992）	必试：— 其他：CaO + MgO 含量、游离水、体积安定性、细度	（1）以同一生产厂、同一类别、同一等级不超过100t为一批验收 （2）从本批中随机抽取10袋样品，从每袋中抽取500g，混匀后缩分至1kg
8	建筑石膏 （GB9776—1988）		必试：细度、凝结时间 其他：抗折强度、标准稠度用水量	（1）以同一生产厂、同一等级的石膏200t为一验收批，不足200t也按1批计 （2）样品经四分法缩分至0.2kg送试
9	砌墙砖和砌块	（1）烧结普通砖 （GB/T5101—1998） （GB50203—2002）	必试：抗压强度 其他：抗风化、泛霜、石灰爆裂、吸水率	（1）每15万块为一验收批，不足15万块也按一批计 （2）每一验收批随机抽取验样一组（10块）
		（2）烧结多孔砖 （GB13544—2000） （GB50203—2002）	必试：抗压强度、抗折强度 其他：冻融、泛霜、石灰爆裂、吸水率	（1）每3.5～15万块为一验收批，不足3.5万块也按一批计 （2）每一验收批随机抽取试样一组（10块）
		（3）烧结空心砖、空心砌块 （GB13545—1992）	必试：抗压强度（大面、条面） 其他：密度、冻融、泛霜、石灰爆裂、吸水率	（1）每3万块为一验收批，不足3万块也按一批计 （2）每一验收批随机抽取试样一组（5块）
		（4）非烧结普通砖 （JC422—1991） （1996）	必试：抗压强度、抗折强度 其他：抗冻性、吸水率、耐水性	（1）每5万块为一验收批，不足5万块也按一批计 （2）每一验收批随机抽取试样一组（10块）
		（5）粉煤灰砖 （JC239—1991） （1996）	必试：抗压强度 其他：抗折强度、干燥收缩率、抗冻	（1）每10万块为一验收批，不足10万块也按一批计 （2）每一验收批随机抽取试样一组（20块）
		（6）粉煤灰砌块 （JC238—1991） （1996）	必试：抗压强度 其他：密度、炭化、抗冻、干缩	（1）每10万块为一验收批，不足10万块也按一批计 （2）每一验收批随机抽取试样一组（3块）
		（7）蒸压灰砂砖 （GB11945—1999）	必试：抗压强度 其他：密度、抗冻	（1）每10万块为一验收批，不足10万块也按一批计 （2）每一验收批随机抽取试样一组（10块）
		（8）蒸压灰砂空心砖 （JC/T637—1996）	必试：抗压强度 其他：密度、抗冻	（1）10万块砖为一验收批，不足10万块也按一批计 （2）从外观合格的砖样中，用随机抽取法抽取2组10块（NF砖为2组20块）进行抗压强度试验和抗冻性试验 注：NF为规格代号，尺寸为240mm×1150mm×53mm

（续）

序号	材料名称及相关标准代号		试验项目	组批原则及取样规定
9	砌墙砖和砌块	（9）普通混凝土空心砌块 （GB8239—1997）	必试：抗压强度（大条面） 其他：密度和空心率、吸水率、干燥收缩、软化系数、抗冻性	（1）每1万块为一验收批，不足1万块也按一批计 （2）每批从尺寸偏差与外观检验合格的砖中，随机抽取试样一组（5块）
		（10）轻集料混凝土小型空心砌 （GB15229—2002） （GB/T4111—1997）	必试：抗压强度 其他：密度等级、干缩率、相对含水率、抗冻性	
		（11）蒸压加气混凝土砌块 （GB/T11968—1997）	必试：立方体抗压强度 干体积密度 其他：干燥收缩、抗冻性、导热性	（1）同品种、同规格、同等级的砌块，以1000块为一批，不足1000块为一批，随机抽取50块砌块进行 （2）从尺寸偏差与外观检验合格的砌块中，随机抽取砌块，制作3组试件进行立方体抗压强度试验，制作3组试件做干体积密度检验
10	钢材	（1）碳素结构钢 （GB700—1988）	必试：拉伸试验（屈服点、抗拉强度、伸长率）、弯曲试验 其他：断面收缩率、硬度、冲击、化学成分	（1）同一厂别、同一炉罐号、同一规格、同一交货状态每60t为一验收批，不足60t也按一批计 （2）每一验收批取一组试件（拉伸、弯曲各一个）
		（2）钢筋混凝土用热轧带肋钢筋 （GB1499—1998） （GB/T 2975—1998） （GB2101—1989） （3）钢筋混凝土用热轧光圆钢筋 （GB13013—1991） （GB/T2975—1998） （GB/T2101—1989） （4）钢筋混凝土用余热处理钢筋 （GB13014—1991） （GB/T2975—1998） （GB/T2101—1989）	必试：拉伸试验（屈服点、抗拉强度、伸长率）、弯曲试验 其他：反向弯曲、化学成分	（1）同一厂别、同一炉罐号、同一规格、同一交货状态每60t为一验收批，不足60t也按一批计 （2）每一验收批取一组试件（拉伸、弯曲各两个） （3）在任选的两根钢筋中切取
		（5）低碳钢热轧圆盘条 （GB/T701—1997） （GB/T2975—1998） （GB/T2101—1989）	必试：拉伸试验（屈服点、抗拉强度、伸长率）、弯曲试验 其他：化学成分	（1）同一厂别、同一炉罐号、同一规格、同一交货状态每60t为一验收批，不足60t也按一批计 （2）每一验收批取一组试件（拉伸一个、弯曲两个）（取自不同盘）

（续）

序号	材料名称及相关标准代号		试验项目	组批原则及取样规定
10	钢材	（6）冷轧带肋钢筋 （GB13788—2000） （GB/T2975—1998） （GB/T2101—1989）	必试：拉伸试验（屈服点、抗拉强度、伸长率）、弯曲试验 其他：化学成分、松弛率	（1）同一牌号、同一外型、同一生产工艺，同一交货状态每60t为一验收批，不足60t也按一批计 （2）每一验收批取拉伸试件一个（逐盘），弯曲试件两个（每批）、松弛试件一个（定期） （3）在每任盘中的任意一盘中任意一端截取500mm后切取
		（7）冷轧扭钢筋 （JC3046—1998） （GB/T2975—1998） （GB/T2101—1989）	必试：拉伸试验（屈服点、抗拉强度、伸长率）、弯曲试验、质量、节距、厚度 其他：—	（1）同一牌号、同一规格尺寸、同一台轧机、同一台班每10t为一验收批，不足10t也按一批计 （2）每一验批取弯曲试件一个、拉伸试件两个，质量、节距、厚度各三个
		（8）预应力混凝用钢丝 （GB/T2103—1988） （GB/T5223—1995）	必试：抗拉强度、伸长率、弯曲试验 其他：屈服强度、松弛率（每季度抽验）	（1）同一牌号、同一规格、同一生产工艺的钢丝，每批质量不大于60t （2）钢丝的检验应按（GB/T2103）的规定执行，在每盘钢丝的两端进行抗拉强度、弯曲和伸长率的试验。屈服强度和松弛率试验每季度抽验一次，每次至少三根
		（9）一般用途低碳钢丝 （GB/T343—1994） （GB/T2130—1988）	必试：抗拉强度、180°弯曲试验次数、伸长（标距100mm）	（1）每批钢丝应由同一尺寸、同一级别、同一交货状态的钢丝组成 （2）从每批中抽查5%，但不少于5盘进行形状、尺寸和表面检查 （3）从上述检查合格的钢丝中抽取5%，优质钢抽取10%，不少于3盘，拉伸试验、反复弯曲试验每盘各一个（任意端）
11	钢筋连接① （焊接） （GB50204—2002） （JGJ/T27—2001） （JGJ18—1996）	（1）钢筋电阻电焊	必试：抗拉强度、抗剪强度、弯曲试验	（1）钢筋焊接骨架 ① 凡钢筋级别、直径及尺寸相同的焊接骨架应视为同一类制品，且每200件为一验收批，一周内不足200件的也按一批计 ② 试件应从成品中切取，当所切取试件的尺寸小于规定的试件尺寸或受力钢筋大于8mm时，可在生产过程中焊接试验网片，从中切取试件 （2）钢筋焊接网 ① 凡钢筋级别、直径及尺寸相同的焊接骨架应视为同一类制品，每批不应大于30t，或每200件为一验收批，一周内不足30t或200件的也按一批计

① 在工程开工或每批钢筋正式焊接前，应进行现场条件下的焊接性能试验，试验合格后方可正式生产（俗称班前焊）。

（续）

序号	材料名称及相关标准代号		试验项目	组批原则及取样规定
11	钢筋连接[①]（焊接） （GB50204—2002） （JGJ/T27—2001） （JGJ18—1996）	（1）钢筋电阻电焊	必试：抗拉强度、抗剪强度、弯曲试验	② 试件应从成品中切取；冷轧带肋钢筋或冷拔低碳钢丝焊点应作拉伸试验，试件数量一件，横向试件数量一件；冷轧带肋钢筋焊点应作弯曲试验，纵向试件数量一件，横向试件数量一件；热轧钢筋、冷轧带肋钢筋或冷拔低碳钢丝的焊点应作抗剪试验，试件数量三件
		（2）钢筋闪光对焊接头	必试：抗拉强度、弯曲试验	（1）同一台班内由同一焊工完成的300个同级别、同直径钢筋焊接接头应作为一批。当同一台班内同一焊工在一周内累计计算完成的同级别、同直径钢筋焊接接头不足300个时，也按一批计 （2）力学性能试验时，试件应从成品中随机切取6个试件，其中3个做拉伸试验，3个做弯曲试验 （3）焊接等长预应力钢筋（包括螺纹杆与钢筋）。可按生产条件作模拟试件 （4）螺纹端杆接头可只做拉伸试验 （5）若初试结果不符合要求，可随机再取双倍数量试件进行复试 （6）当模拟试件试验结果不符合要求时，复试应从成品中切取，其数量和要求与初试时相同
		（3）钢筋电弧焊接头	必试：抗拉强度	（1）工厂焊接条件下：同钢筋级别300个接头为一验收批 （2）在现场安装条件下：每一至二层楼同接头形式、同钢筋级别的接头300个为一验收批；不足300个接头也按一批计 （3）试件应从成品中随机切取3个接头进行拉伸试验 （4）装配式结构节点的焊接接头可按生产条件制造模拟试件 （5）当初试结果不符合要求时，应再取6个试件进行复试
		（4）钢筋电渣压力焊接头	必试：抗拉强度	（1）一般构筑物中以300个同级别钢筋接头作为一验收批 （2）在现浇钢筋混凝土多层结构中应以每一楼层或施工区段中300个同级别钢筋接头作为一验收批；不足300个接头也按一批计 （3）试件应从成品中随机切取3个接头进行拉伸试验 （4）当初试结果不符合要求时，应再取6个试件进行复试

① 在工程开工或每批钢筋正式焊接前，应进行现场条件下的焊接性能试验，试验合格后方可正式生产（俗称班前焊）。

（续）

序号	材料名称及相关标准代号		试验项目	组批原则及取样规定
11	钢筋连接[①]（焊接）（GB50204—2002）（JGJ/T27—2001）（JGJ18—1996）	（5）钢筋气压焊接头	必试：抗拉强度、弯曲试验（梁、板的水平筋连接）	（1）一般构筑物中以300个接头作为一验收批 （2）在现浇钢筋混凝土房屋结构中同一楼层应以300个接头作为一验收批；不足300个接头也按一批计 （3）试件应从成品中随机切取3个接头进行拉伸试验，在梁、板的水平钢筋连接中，应另切取3个试件做弯曲试验 （4）当初试结果不符合要求时，应取6个试件进行复试
		（6）预埋件钢筋T形接头	必试：抗拉强度	（1）预埋件钢筋埋弧压力焊，同类型预埋件一周内累计每300件为一验收批；不足300件也按一批计 （2）每批随机切取3个试件做拉伸试验 （3）当初试结果不符合规定时，再取6个试件进行复试
	钢筋连接（机械连接）	（1）锥螺纹连接 （2）套筒挤压接头 （3）墩粗直螺纹钢筋接头 （GB50204-2002） （JGJ107—1996） （JGJ108—1996） （JGJ109—1996） （JGJ/T3057—1999）	必试：抗拉强度	（1）工艺检验：在正式施工前，同批钢筋、同种机械连接形式的接头试件不少于3根，同时对应截取接头试件的母材，进行抗拉强度试验 （2）现场检验：接头的现场检验按验收批进行。同一施工条件下采用同一批材料的同等级、同形式、同规格的接头每500个为一验收批；不足500个接头也按一批计。每一验收批必须在工程结构中随机截取3个试件做单向拉伸试验。在现场连续检验10个验收批，其全部单向拉伸试件一次抽样均合格时，验收批接头数量可扩大一倍
12	防水材料	（1）沥青防水卷材 （GB50207—2002） （GB50208—2002） ① 石油沥青纸胎油毡、油纸（GB326—1989） ② 石油沥青玻璃纤维胎油毡（GB/T147686—1993） ③ 石油沥青玻璃布胎油毡（JC/T84—1996） ④ 铝箔面油毡（JC/T504—1992）（1996）	必试：纵向拉力、耐热度、柔度、不透水性 其他：—	（1）同一生产厂的同一品种、同一等级的产品，大于1000卷抽5卷，500～1000卷抽4卷，100～499卷抽3卷，100卷以下抽2卷，进行规格尺寸和外观质量检验。在外观质量检验合格的卷材中，任取一卷作物理性能检验 （2）将试样卷材切除距外层卷头250mm顺纵向截取600mm的2块全幅卷材送试

① 在工程开工或每批钢筋正式焊接前，应进行现场条件下的焊接性能试验，试验合格后方可正式生产（俗称班前焊）。

（续）

序号	材料名称及相关标准代号		试验项目	组批原则及取样规定
12	防水材料	（2）高聚物改性沥青防水卷材 （GB50207—2002） ① 改性沥青聚乙稀胎防水卷材 （JC/T633—1996） ② 弹性体改性沥青防水卷材（GB18242—2000） ③ 塑性体改性沥青防水卷材（GB18243—2000） ④ 沥青合胎柔性防水卷材（JC/T690—1998） ⑤ 自粘橡胶沥青防水卷材 （JC/T840—1999） ⑥ 聚合物改性沥青复合胎防水卷材 （DBJ01—53—2001）	必试：拉力、断裂延伸率、不透水性、柔度、耐热度	（1）同一生产厂的同一品种、同一等级的产品，大于1000卷抽5卷，500～1000卷抽4卷，100～499卷抽3卷，100卷以下抽2卷，进行规格尺寸和外观质量检验。在外观质量检验合格的卷材中，任取一卷作物理性能检验 （2）将试样卷材切除距外层卷头250mm后，顺纵向切取1000mm的全幅卷材试样2块。一块作物理性能检验用，另一块备用
		（3）合成高分子防水涂料 （GB50207—2002） （GB50208—2002） （GB3186—1982） ① 聚氨脂防水涂料 （JC/T500—1996） ② 聚合物乳液建筑防水涂料 （JC/T864—2000）	必试：断裂延伸率、拉伸强度、低温柔性、不透水性（或抗渗性） 其他：—	（1）同一生产厂每5t产品为一验收批，不足5t也按一批计 （2）随机抽取，抽样数应不低于$\sqrt{\frac{n}{2}}$个（n是产品的桶数） （3）从已检的桶内不同部位，取相同量的样品，混合均匀后取两分样品，分别装入样品容器中，样品容器应留有约5%的空隙，盖严，并将样品容器外部擦干净立即作好标志。一份试验用，一份备用
		③ 聚合物水泥防水涂料 （JC/T894—2001） （GB1267—1999）	必试：断裂延伸率、拉伸强度、低温柔性、不透水性 其他：—	（1）同一生产厂每10t产品为一验收批，不足10t也按一批计算 （2）随机抽取，抽样数应不低于$\sqrt{\frac{n}{2}}$个（n是产品的桶数） （3）配套固体组份的抽样按GB12973—1999中的袋装水泥的规定进行，两组份共取5kg样品
		（4）合成高分子防水卷材 （GB50207—2002） （GB50208—2002） ① 聚氯乙烯防水卷材 （GB12952—1991）	必试：断裂拉伸强度、扯断伸长率、不透水性、低温弯折性、热老化保持率	（1）同一生产厂的同一品种、同一等级的产品，大于1000卷抽5卷，500～1000卷抽4卷，100～499卷抽3卷，100卷以下抽2卷，进行规格尺寸和外观质量检验。在外观质量检验合格的卷材中，任取一卷作物理性能检验

（续）

序号	材料名称及相关标准代号			试验项目	组批原则及取样规定
12	防水材料	② 氯化聚乙烯防水卷材 (GB12953—1991) ③ 三元丁橡胶防水卷材 (JC/T645—1996) ④ 氯化聚乙烯-橡胶共混防水卷（JC/T684—1997） ⑤ 高分子防水材料（第一部分片材） (GB18173.1—2000)		必试：断裂拉伸强度、扯断伸长率、不透水性、低温弯折性、热老化保持率	（2）将试样卷材切除距外层卷头300mm，顺纵向切取1500mm的全幅卷材试样2块。一块作物理性能检验用，另一块备用
		（5）无机防水涂料 (GB50207—2002) (GB50208—2002) (GB3186—1982) ① 水泥基渗透结晶型防水材料 (GB18445—2001) ② 无机防水堵漏材料 (JC900—2002)		必试：抗折强度、湿基面粘结强度、抗渗压力	（1）同一生产厂每10t产品为一验收批，不足10t也按一批计 （2）在10个不同的包装中随机取样，每次取样10kg （3）取样后应充分拌合均匀，一分为二，一份送试；另一份密封保存一年，以备复试或仲裁用
		（6）密封材料 (GB50207—2002) (GB50208—2002) (GB3186—1982)	① 建筑石油沥青 (GB494—1998) (GB/T11147—1989) (SH0146—1992)	必试：软化点、针入度、延度 其他：溶解度、蒸发损失、蒸发后针入度	（1）同一产地、同一品种、同一标号的产品每20t为一验收批，不足20t也按一批计。每一验收批取样2kg （2）在料堆上取样时，取样部位应均匀分布，同时应不少于5处，每处取洁净的等量试样共2kg作为检验和留样用
			② 建筑防水沥青嵌缝油膏 (JC207—1996)	必试：耐热性（屋面）、低温柔性、拉伸粘结性、施工温度	（1）同一生产厂、同一标号的产品每2t为一验收批，不足2t也按一批计 （2）每批随机抽取3件产品，离表皮大约50mm处各取样1kg，装于密封容器内，一份作试验用，另两份留作备用
		（7）合成高分子密封材料	① 聚氨酯建筑密封膏 (JC482—1992)(1996) ② 聚硫建筑密封膏 (JC483—1992)(1996)	必试：拉伸粘结性、低温柔性 其他：密度恢复率	（1）同一生产厂、同等级、同类型产品每2t为一验收批，不足2t也按一批计。每批随机抽取试样1组，试样量不少于1kg（屋面每1t为一验收批） （2）随机抽取试样，抽样数应不低于$\sqrt{\frac{n}{2}}$（n是产品的桶数） （3）从已初检的桶内不同部位，取相同的样品，混合均匀后A、B组分各2份，分别装入

（续）

序号	材料名称及相关标准代号			试验项目	组批原则及取样规定
12	防水材料	（7）合成高分子密封材料	③丙烯酸酯建筑密封胶（JC484—1992）（1996） ④聚氯乙稀建筑防水接缝材料（JC798—1997）	必试：拉伸粘结性、低温柔性 其他：密度恢复率	样品容器中，样品容器应留有5%的空隙，盖严，并将样品容器外部擦干净，立即作好标志。一份试验用，一份备用
			⑤建筑用硅酮结构密封胶（GB16776—1997）	必试：拉伸粘结性、低温柔性 其他：下垂度、热老化、邵氏硬度、相容性试验 注：作为幕墙工程用的必试项目为拉伸粘结性（标准条件下）	（1）同一生产厂、同一类型、同一品种的产品，每2t为一验收批，不足2t也按一批计 （2）随机抽样，抽取量应满足检验需用量（约0.5kg）。从原包装双组份结构胶中抽样后，应立即另行密封包装
		（8）高分子防水材料止水带（GB18173.2—2002）		必试：拉伸强度、扯断伸长率、撕裂强度	（1）同一生产厂、同月生产、同标记的产品为一验收批 （2）在外观检验合格的样品中，随时抽取足够的试样，进行物理检验
		（9）高分子防水止水带（遇水膨胀橡胶）（GB18173.3—2002）		必试：拉伸强度、扯断伸长率、体积膨胀倍率	
		（10）油毡瓦（JC/T503—1992）（1996）		必试：耐热度、柔度 其他：—	（1）同一生产厂、同一等级的产品，每500捆为一验收批，不足500捆也按一批计 （2）从外观、质量、规格、尺寸、允许偏差合格的油毡瓦中，任取2片试件进行物理性能试验
13	混凝土外加剂（GB8087—1997）	（1）普通减水剂		必试：钢筋锈蚀、28天抗压强度比、减水率	（1）掺量大于1%（含1%）的同品种、同一编号的外加剂，每100t为一验收批，不足100t也按一批计。掺量小于1%的同品种、同一编号的外加剂，每50t为一验收批，不足50t也按一批计 （2）从不少于三个点取等量样品混匀 （3）取样数量，不少于0.5t水泥所需量
		（2）高效减水剂		必试：钢筋锈蚀、28天抗压强度比、减水率	
		（3）早强减水剂		必试：钢筋锈蚀，1天、28天抗压强度比，减水率	

（续）

序号	材料名称及相关标准代号		试验项目	组批原则及取样规定
13	混凝土外加剂（GB8087—1997）	（4）缓凝减水剂	必试：钢筋锈蚀、凝结时间差、28天抗压强度比、减水率	（1）掺量大于1%（含1%）的同品种、同一编号的外加剂，每100t为一验收批，不足100t也按一批计。掺量小于1%的同品种、同一编号的外加剂，每50t为一验收批，不足50t也按一批计 （2）从不少于三个点取等量样品混匀 （3）取样数量，不少于0.5t水泥所需量
		（5）引气减水剂	必试：钢筋锈蚀、28天抗压强度比、减水率、含水量	
		（6）缓凝高效减水剂	必试：钢筋锈蚀、凝结时间差、28天抗压强度比、减水率	
		（7）缓凝剂	必试：钢筋锈蚀、凝结时间差、28天抗压强度比	
		（8）引气剂	必试：钢筋锈蚀、28天抗压强度比、含气量	
		（9）早强剂	必试：钢筋锈蚀，1天、28天抗压强度比	
		（10）泵送剂（JC473—1992）（1998）	必试：钢筋锈蚀、28天抗压强度比、坍落度保留值、压力泌水率比	（1）以同一生产厂、同品种、同一编号的泵送剂每50t为一验收批，不足50t按一批计 （2）从10个容器中取等量试样混匀 （3）取样数量不少于0.5t水泥所需量
		（11）防水剂（JC474—1992）（1998）	必试：钢筋锈蚀、28天抗压强度比、渗透比	（1）年产500t以上的防水剂每50t为一验收批，500t以下的防水剂每30t为一验收批，不足50t或30t也按一批计 （2）取样数量不少于0.2t水泥所需量
		（12）防冻剂（JC475—1992）（1998）	必试：钢筋锈蚀，-7天、-7～+28天抗压强度比	（1）同一生产厂、同品种、同一编号的防冻剂，每50t为一验收批，不足50t也按一批计 （2）取样数量不少于0.15t水泥所需量
		（13）膨胀剂（JC476—1992）（1998）	必试：钢筋锈蚀，28天抗压、抗折强度，限制膨胀率	（1）同一生产厂、同品种、同一编号的膨胀剂每20t为一验收批，不足20t也按一批计 （2）从16个容器中取等量试样混匀。取样数量不少于0.5t水泥所需量
		（14）喷射用速凝剂（JC477—1992）（1998）	必试：钢筋锈蚀、凝结时间、28天抗压强度比	（1）同一生产厂、同品种、同一编号的产品，每60t为一验收批，不足60t也按一批计 （2）从16个不同点取等量试样混匀，取样数量不少于4kg

（续）

序号	材料名称及相关标准代号	试验项目	组批原则及取样规定
14	普通混凝土 （GB50204—2002） （GB5010—2002） （GBJ80—1985） GBJ81—1985） （JGJ55—2000） （GBJ107—1987） （GB50209—2002）	必试：稠度、抗压强度、结构实体检验（包括同条件养护试件强度和结构实体保护层厚度，按GB50204—2002规定执行） 其他：轴心抗压强度、静力受压弹性模量、劈裂抗拉强度、抗折强度、长期性能和耐久性能试验、碱含量、氯化物总量、放射性	（1）试块的留置 ① 每拌制100盘且不超过1000m³的同配合比的混凝土，取样不得少于一次 ② 每工作班拌制的同一配合比的混凝土不足100盘时，取样不得少于一次 ③ 当一次连续浇筑超过1000m³时，同一配合比混凝土每200m³混凝土取样不得少于一次 ④ 每一楼层同一配合比的混凝土，取样不得少于一次 ⑤ 冬期施工还应留置转常温试块和临界强度试块 ⑥ 对预拌混凝土，当一个分项工程连续供应相同配合比的混凝土量大于1000m³时，其交货检验的试样，每200m³混凝土取样不得少于一次 ⑦ 地面混凝土，同一配合比、同一强度等级、每一层或每1000m²为一检验批，不足1000m²也按一批计。每批应至少留置一组试块 （2）取样方法及数量 ① 用于检查结构构件混凝土质量的试件，应在混凝土浇筑地点随机取样制作，每组试件所用的拌和物应从同一盘搅拌混凝土或同一车运送的混凝土中取出，对于预拌混凝土还应在卸料过程中卸料量的1/4～1/3之间取样，每个试样量应满足混凝土质量检验项目所需用量的1.5倍，但不少于0.2m³ ② 每次取样应至少留置一组标准养护试件，同条件养护试件的留置组数应根据实际需要确定
15	抗渗混凝土 （GB50204—2002） （GB50208—2002） （GBJ80—1985） GBJ82—1985） （JGJ55—2000） （GBJ107—1987）	必试：稠度、抗压强度、抗渗等级 其他：长期性能、耐久性能	（1）同一种混凝土强度等级、抗渗等级、配合比，生产工艺基本相同时，每单位工程不得少于两组抗渗试块（每组6个试块） （2）连续浇筑混凝土每500m³应留置一组抗渗试件（一组为6个抗渗试件），且每项工程不得少于2组。采用预拌混凝土的抗渗试件留置组数应视结构的规模和要求而定 （3）留置抗渗试件的同时需留置抗压强度试件并应取自同一盘混凝土拌合物中。取样方法同普通混凝土中第（2）项 （4）试块应在浇筑地点制作

（续）

序号	材料名称及相关标准代号	试验项目	组批原则及取样规定
16	高强混凝土 （GB50204—2002） （CECS104：99） （GBJ80—1985） GBJ82—1985） （GBJ107—1987）	必试：工作性（坍落度、扩展度、拌合物流速）、抗压强度 其他：同普通混凝土	同普通混凝土
17	轻集料混凝土	必试：干表观密度①、抗压强度、稠度 其他：长期性能、耐久性能、静力受压弹性模量、导热系数	
18	回弹法检测混凝土抗压强度 （JGJ/T23—2001）	—	（1）结构或构件混凝土强度检测可采用下列两种方式，其适用范围及结构或构件数量应符合下列规定： ① 单个检测：适用于单个结构或构件的检测 ② 批量检测：适用于在相同的生产工艺条件下，混凝土强度等级相同，原材料、配合比、成形工艺、养护条件基本一致，且龄期相近的同类结构或构件，按批进行检测的构件，抽检数量不得少于同批构件总数的30%且构件数量不得少于10件。抽检构件时，应随机抽取以使所选构件具有代表性 （2）每一结构或构件的测区应符合下列规定： ① 每一结构或构件测区数不应少于10个，对某一方向尺寸小于4.5m且另一方向尺寸小于0.3m的构件，其测区数量可适当减少，但不应少于5个 ② 相邻两测区的间距应控制在2m以内，测区离构件端部或施工缝边缘的距离不宜大于0.5m，且不宜小于0.2m ③ 测区应选在使回弹仪处于水平方向检测混凝土浇筑侧面。当不能满足这一要求时，可使回弹仪处于非水平方向检测混凝土浇筑侧面、表面或底面 ④ 测区宜选在构件的两个对称可测面上，也可选在一个可测面上，且应均匀分布。在构件的重要部位及薄弱部位必须布置测区，并应避开预埋件 ⑤ 测区的面积宜大于$0.04m^2$

① 干表观密度试验取样时，连续生产的预制构件厂及预拌混凝土同配合比的每月不少于4次，单项工程每$100m^3$混凝土至少一次，不足$100m^3$也按$100m^3$计。

（续）

序号	材料名称及相关标准代号	试验项目	组批原则及取样规定
18	回弹法检测混凝土抗压强度 （JGJ/T23—2001）	—	⑥ 检测面应为混凝土表面，并清洁、平整，不应有疏松层、浮浆、油垢、涂层以及蜂窝、麻面，必要时可用砂轮清除疏松层和杂物，且不应有残留的粉末或碎屑 ⑦ 对弹击时产生颤动的薄壁、小型构件应进行固定 （3）结构或构件的测区应标有清晰的编号，必要时应在记录纸上描述测区布置示意图和外观质量情况
19	砂浆 （JGJ70—1990） （JGJ98—2000） （GB502003—2002） （JC860—2000） （GB50209—2002）	必试：稠度、抗压强度 其他：分层度、拌合物密度、抗冻性	（1）砌筑砂浆：以同一砂浆强度等级、同一配合比、同种原材料每一楼层或 $250m^3$ 砌体（基础砌体可按一个楼层计）为一个取样单位，每取样单位标准养护试块的留置不得少于一组（每组 6 块） （2）干拌砂浆：同强度等级每 400t 为一验收批，不足 400t 也按一批计。每批从 20 个以上的不同部位取等量样品。总质量不少于 15kg，分成两份，一份送试验室，一份备用 （3）建筑地面用水泥砂浆：以每一层或 $1000m^2$ 为一检验批，不足 $1000m^2$ 也按一批计。每批砂浆至少取样一组。当改变配合比时也应相应地留量试块
20	砌体工程现场检测 （GB/T503315—2000）	—	（1）当检测对象为整栋建筑物或建筑物的一部分时，应将其划分为一个或若干个可以独立进行分析的结构单元，每一结构单元划分为若干个检测单元 （2）每一检测单元内，应随机选择 6 个构件（单片墙体柱）作为 6 个测区，当一个检测单元不足 6 个构件时，应将每个构件作为一个测区 （3）每一测区应随机布置若干测点，各种检测方法的测点数，应符合下列要求： ① 原位轴压法、扁顶法、原位单剪法、筒压法：测点数不应少于 1 个 ② 原位单砖双剪法、推出法、砂浆片剪切法、回弹法、点荷法、射钉法：测点数不应少于 5 个 注：回弹法的测位，相当于其他检测方法的测点

（续）

序号	材料名称及相关标准代号		试验项目	组批原则及取样规定
21	陶瓷砖	（1）干压陶瓷砖（瓷质砖） （2）干压陶瓷砖（炻瓷砖） （3）干压陶瓷砖（细炻砖） （GB/T4100.1～3—1999） （GB50210—2001） （GB/T3810.1—1999）	必试：吸水率（用于外墙）、抗冻（寒冷地区） 其他：（用于铺地）耐磨性、摩擦系数、抗冻性	（1）同一生产厂、同一品种、同一级别、同一规格，按实际的交货量以 $500m^2$ 为一批，不足 $500m^2$ 也按一批计 （2）各试验项目所需试件数量及判定规则等按 GB/T3810.1 规定执行 吸水率试验试样：每种类型的砖用 10 块整砖测试 （3）每块砖的表面积大于 $0.04m^2$ 时，只需用 5 块整砖作测试，如每块砖的表面积大于 $0.16m^2$，至少还需在 3 块整砖的中间部位切割最小边长为 100mm 的 5 块试样 如每块砖的质量小于 50g 则需足够数量的砖使每种测试样品达到 50～100g 砖的边长大于 200mm 时，可切割成小块，但切割下的每一块应计入测量值内。多边形和其他非矩形砖，其长和宽均按矩形计算 （4）抗冻性测定试样：使用不少于 10 块整砖，其最小面积为 $0.25m^2$。砖应没有裂纹、釉裂、针孔、磕碰等缺陷。如果必须用有缺陷的砖进行检验，在试验前应用永久性的染色剂对缺陷做记号，试验后检查这些缺陷
		（4）彩色釉面陶瓷墙地砖 （GB11947—1989） （GB50210—2001） （GB/T3810.1—1999）	必试：吸水率（用于外墙）、抗冻（寒冷地区） 其他：耐磨、耐化学腐蚀	（1）同一生产厂的产品每 $500m^2$ 为一验收批，不足 $500m^2$ 也按一批计 （2）按相关规范规定随机抽取。吸水率、耐急冷急热性、抗冻、耐磨性试样，也可从表面质量和尺寸偏差合格的试样中抽取（吸水率 5 个试件，耐急冷急热 10 个试件，抗冻、耐磨 5 个试件、弯曲 10 个试件）
		（5）陶瓷锦砖 （JC456—1992） （1996）	必试：吸水率、耐急冷急热性 其他：脱纸时间	（1）同一生产厂、同品种、同色号的产品以 25～300 箱为一验收批，小于 25 箱时，由供需双方商定 （2）从每验收批中抽取 3 箱，然后再从 3 箱中抽取规定的样本量（吸水率、耐急冷急热试件各 5 个）
22	石材	（1）天然花岗石建筑板材 （JC205—1992）（1996） （GB50210—2001） （GB50325—2001） （GB50327—2001）	必试：放射性元素含量（室内用板材）、弯曲强度（石材幕墙工程）冻融循环（石材幕墙工程） 其他：吸水率、耐久性、耐磨性、镜面光泽度、体积密度	（1）同一产地、同品种、同等级、同规格的板材每 $200m^3$ 为一验收批，不足 $200m^3$ 的单一工程部位的板材也按一批计 （2）在外观质量和尺寸偏差检验合格的板材中抽取 2%，数量不足 10 块的抽 10 块。镜面光泽度的检验从以上抽取的板材中取 5 块进行，体积密度、吸水率取 5 块试验

（续）

序号	材料名称及相关标准代号	试验项目	组批原则及取样规定
22	石材 （2）天然大理石 （JC79—1992） （1996）	—	（1）以同一产地、同一品种、同等级、同规格的板材每 100m^3 为一验收批，不足 100m^3 的单一工程部位的板材也按一批计 （2）同天然花岗石建筑板材
23	铝塑复合板 （GB/T17748—1999） （GB50210—2001）	必试：铝合金板与夹层的剥离、强度（用于外墙）	（1）同一生产厂的同一等级、同一品种、同一规格的产品 300m^2 为一验收批，不足 300m^2 也按一批计 （2）从每批产中随机抽取 3 张进行检验
24	陶瓷墙地砖粘结剂 （JC/T574—1994） （JGJ110—1997） （JGJ126—2000） （GB12954—1991） （GB50210—2001）	其他：拉伸胶粘结强度达到 0.17MPa 的时间间隔、压剪胶结强度、防毒性	（1）同一生产时间、同一配料工艺条件下制得的成品。A 类产品每 30t 为一验收批，不足 30t 也按一批计。其他类产品每 3t 为一验收批，不足 3t 也按一批计。每批抽取 4kg 样品，充分混匀 （2）取样后将样品一分为二，一份送试，一份备用
25	外墙饰面粘结 （JGJ126—2000） （JGJ110—1997） （GB50210—2001）	必试：粘结强度	（1）现场镶贴外部饰面砖工程：每 300m^2 同类墙体取一组试样，每组 3 个试件，每一楼层不得小于一组，不足 300m^2 同类墙体，每两楼层取一组试样，每组 3 个试件 （2）带饰面砖的预制墙板，每生产 100 块预制板墙取一组试样，不足 100 块预制板墙也取一组试样。每组在 3 块板中各取 2 个试件
26	外门窗 （GB845—1987） （GB7106—1986） （GB7107—1986） （GB50210—2001） （GB13686—1992）	必试：抗风压性能、空气渗透性能、雨水渗漏性能	（1）同一品种门、窗型至少选取三樘样门、窗，采用随机抽样的方法选取试件，如果是专门制作的送检样品，必须在检测报告中加以说明 （2）试件为生产厂家检验合格准备出厂的产品，不得加设任何附件或采用其他改善措施
27	装饰单面贴面人造板 （GB/T15104—1994） （GB50201—2001） （GB50327—2001） （GB50325—2001）	必试：甲醛释放量 其他：浸渍剥离强度、表面胶合强度	（1）同一生产厂、同品种、同规格的板材每 1000 张为一验收批，不足 1000 张也按一批计 （2）抽样时应在具有代表性的板垛中随机抽取，每一验收批抽样 1 张，用于物理化学性能试验
28	细木工板 （GB5849—1999） （GB50206—2001） （GB50210—2001）	必试：甲醛释放量 其他：含水率、横向静曲强度、胶合强度	（1）同一生产厂、同类别、同树种生产的产品为一验收批 （2）物理力学性能检验试件应在具有代表性的板垛中随机抽取 （3）批量范围在≤1200 块时，抽样数 1 块；1201～3200 块抽样数 2 块；>3200 块抽样数 3 块

（续）

序号	材料名称及相关标准代号	试验项目	组批原则及取样规定
29	层板胶合木 （GB50210—1999） （GB50206—2001） （GB/T50—2001）	必试：甲醛释放量 其他：含水率、指形接头的弯曲强度、胶缝的抗剪强度、耐久性（脱胶试验）	每 $10m^3$ 的产品中检验 1 个全截面试件
30	实木复合地板 （GB/T18103—2000）	必试：甲醛释放量 其他：含水率、浸渍剥离静曲强度、弹性模量、表面耐磨、表面耐污染、漆膜附着力	物理力学性能检验：同一规格、同一类产品，根据产品批量大小随机抽取。每 2 块地板组成一组
31	中密度纤维板 （GB/T11718—1999） （GB/T17657—1999）	必试：甲醛释放量 其他：弹性模量、握钉力、密度、含水率、吸水厚度膨胀率、内结合强度、静曲强度	物理力学性能及甲醛释放量的测定，应在每批产品中任意抽取 0.1%（但不得少于一张）的样板进行
32	耐酸砖 （GB8488—2001）	必试：— 其他：弯曲强度、耐急冷急热性、耐酸度、吸水率	（1）以同一生产厂、同一规格的 5000 ~ 30000 块为一验收批，不足 5000 块，由供需双方协商验收 （2）每一验收批，随机抽样弯曲强度试验取 5 块，（每块砖上截取一个 130mm × 20mm × 20mm 的小块，尺寸偏差为 ± 1mm）；耐急冷急热试验，取 3 块边棱完整的砖进行；耐酸度试验取弯曲强度试验后的碎块或从检验用砖上敲取碎块约 200g（除去釉面）
33	回填土 （GB50202—2002） （GB50007—2002） （JGJ79—1991）	必试：压实系数、干密度、含水量（击实试验求最大干密度和最优含水量）	（1）在压实填土的过程中，应分层取样检验土的干密度和含水率 ① 基坑每 50 ~ $100m^2$ 应不少于 1 个检验点 ② 基槽每 10 ~ 20m 应不少于 1 个检验点 ③ 每一独立基础下至少有 1 个检验点 ④ 对灰土、砂和砂石、土工合成、粉煤灰地基等，每单位工程不应少于 3 点，$1000m^2$ 以上的工程每 $100m^2$ 至少有 1 点，$3000m^2$ 以上的工程每 $300m^2$ 至少有 1 点 （2）场地平整：每 100 ~ $400m^2$ 取 1 点，但不应少于 10 点长度、宽度、边坡为每 200m 取 1 点，每边不应少于 1 点 注：当用环刀取样时，取样点应位于每层 2/3 的深度处

（续）

<table>
<tr><th>序号</th><th colspan="2">材料名称及相关标准代号</th><th>试验项目</th><th colspan="2">组批原则及取样规定</th></tr>
<tr><td>34</td><td colspan="2">不发火集料及混凝土
（GB50209—2002）</td><td>必试：不发火性</td><td colspan="2">（1）粗骨料：从不少于50个试件中选出做不发火试验的试件10个（应是不同表面、不同颜色、不同结晶体、不同硬度）。每个试件为50～250kg，准确度应达到1g
（2）粉状骨料：应将细粒材料用胶结料（水泥或沥青）制成块状材料进行试验，试件数量同粗骨料
（3）不发火水泥砂浆、水磨石、水泥混凝土的试验用试件同粗骨料</td></tr>
<tr><td>35</td><td colspan="2">聚氯乙烯卷材地板
（GB11982.1—1989）
（GB50209—2002）</td><td>其他：耐磨层厚度、PVC层厚度、加热长度变化率</td><td colspan="2">（1）同一生产厂、同一配方、同一工艺、同一规格、同一颜色、同一图案的产品，每$500m^2$为一验收批，不足$500m^2$也按一批计
（2）每一验收批随机抽取3卷，用于外观质量及尺寸偏差的检验，并在合格的样品中抽取1卷，用于物理性能检验
（3）从距卷头一端300mm处，截取全幅地板$800mm^2$两块，一块送试，一块备用</td></tr>
<tr><td>36</td><td colspan="2">半硬质聚氯乙烯块状塑料地板
（GB4085—1983）
（GB50209—2002）</td><td>其他：耐磨热膨胀系数、加热质量损失率、加热长度变化率、吸水长度变化率、磨耗量、残余凹陷度</td><td colspan="2">（1）以同一生产厂、同一配方、同一工艺、同一规格的塑料地板每$1000m^2$为一验收批，不足$1000m^2$也按一批计
（2）每批中随机抽取5箱，每箱抽取2块作为试件</td></tr>
<tr><td rowspan="10">37</td><td rowspan="10">管材</td><td>（1）建筑排水用硬聚氯乙烯管材
（GB/T5836.1—1992）
（GB2828—1987）</td><td>其他：纵向回缩率、拉伸屈服强度（扁平试验）、断裂伸长率（落锤冲击试验）、维卡软化温度</td><td colspan="2">（1）同一生产厂、同一原料、同一配方和工艺的情况下生产的同一规格的管材，每30t为一验收批，不足30t也按一批计
（2）在计数合格的产品中随机抽取3根试样进行纵向回缩率和扁平试验</td></tr>
<tr><td>（2）建筑排水用硬聚氯乙烯管体制改件
（GB/T583.2—1992）</td><td>其他：烘箱试验附流水试验、维卡软化温度</td><td colspan="2">同一生产厂、同一原料、同一配方和工艺情况下生产的同一规格的管件，每5000件为一验收批，不足5000件也按一批计</td></tr>
<tr><td>（3）给水用硬聚氯乙烯
（PVC—V）管材
（GB/T10002.1—1996）</td><td>必试：生活饮用给水管材的卫生性能
其他：纵向回缩率、二氯甲烷浸渍液压试验</td><td colspan="2">（1）同一生产厂、同一原料、同一配方和工艺的情况下生产的同一规格的管材，每100t为一验收批，不足100t也按一批计
（2）抽样方法见下表：</td></tr>
<tr><td rowspan="7">（4）给水用聚乙烯（PE）管材
（GB/TK13663—2000）
（GB/T17219—1998）</td><td rowspan="7">必试：生活饮用给水管材的卫生性能
其他：静液压强度（80）、断裂伸长率、氧化诱导时间</td><td>批量范围（N）</td><td>样本大小（n）</td></tr>
<tr><td>≤150</td><td>8</td></tr>
<tr><td>151～280</td><td>13</td></tr>
<tr><td>280～500</td><td>20</td></tr>
<tr><td>501～1200</td><td>32</td></tr>
<tr><td>1201～3200</td><td>50</td></tr>
<tr><td>3201～10000</td><td>80</td></tr>
</table>

（续）

序号	材料名称及相关标准代号	试验项目	组批原则及取样规定
38	卫生陶瓷 （GB/T6952—1999）	其他：冲击功能、吸水率、抗龟裂试验、水封试验、污水排放试验	（1）同一生产厂、同种产品、同一级别 500～3000 件为一验收批，不足 500 件也按一批计 （2）每批随机抽取 3 件用于冲洗功能试验，3 件用于污水排放试验，其他项目各取 1 件

附录C 质量验收表格样式

表C-1 检验批质量验收记录

____________________检验批质量验收记录

<table>
<tr><td colspan="3">单位（子单位）工程名称</td><td colspan="4"></td></tr>
<tr><td colspan="3">分部（子分部）工程名称</td><td></td><td>验收部位</td><td colspan="2"></td></tr>
<tr><td>施工单位</td><td colspan="3"></td><td>项目经理</td><td colspan="2"></td></tr>
<tr><td>分包单位</td><td colspan="3"></td><td>分包项目经理</td><td colspan="2"></td></tr>
<tr><td colspan="3">施工执行标准名称及编号</td><td colspan="4"></td></tr>
<tr><td colspan="4">施工质量验收规范的规定</td><td colspan="2">施工单位检查评定记录</td><td>监理（建设）单位验收记录</td></tr>
<tr><td rowspan="4">主控
项目</td><td></td><td></td><td></td><td colspan="2"></td><td></td></tr>
<tr><td></td><td></td><td></td><td colspan="2"></td><td></td></tr>
<tr><td></td><td></td><td></td><td colspan="2"></td><td></td></tr>
<tr><td></td><td></td><td></td><td colspan="2"></td><td></td></tr>
<tr><td rowspan="4">一般
项目</td><td></td><td></td><td></td><td colspan="2"></td><td></td></tr>
<tr><td></td><td></td><td></td><td colspan="2"></td><td></td></tr>
<tr><td></td><td></td><td></td><td colspan="2"></td><td></td></tr>
<tr><td></td><td></td><td></td><td colspan="2"></td><td></td></tr>
<tr><td rowspan="2">施工单位检查
评定结果</td><td colspan="2">专业工长（施工员）</td><td></td><td>施工班组长</td><td colspan="2"></td></tr>
<tr><td colspan="6">项目专业质量检查员：

年 月 日</td></tr>
<tr><td>监理（建设）单位
验收结论</td><td colspan="6">专业监理工程师：
（建设单位项目专业技术负责人）：

年 月 日</td></tr>
</table>

注：1. 表名下面注上质量验收规范的编号。

2. 地基基础、主体结构的质量验收不填写“分包单位”和“分包单位项目经理”。

表 C-2 分项工程质量验收记录

______________分项工程质量验收记录

<table>
<tr><td colspan="2">单位（子单位）工程名称</td><td></td><td>结构类型</td><td></td></tr>
<tr><td colspan="2">分部、子分部（分项）工程名称</td><td></td><td>检验批数</td><td></td></tr>
<tr><td>施工单位</td><td colspan="2"></td><td>项目经理</td><td></td></tr>
<tr><td>分包单位</td><td colspan="2"></td><td>分包项目经理</td><td></td></tr>
<tr><td colspan="5"></td></tr>
<tr><td>序号</td><td colspan="2">检验批名称及部位、区段</td><td>施工单位检查评定结果</td><td>监理（建设）单位验收结果</td></tr>
<tr><td></td><td colspan="2"></td><td></td><td></td></tr>
<tr><td></td><td colspan="2"></td><td></td><td></td></tr>
<tr><td></td><td colspan="2"></td><td></td><td></td></tr>
<tr><td></td><td colspan="2"></td><td></td><td></td></tr>
<tr><td></td><td colspan="2"></td><td></td><td></td></tr>
<tr><td colspan="5">说明：</td></tr>
<tr><td>检查结论</td><td colspan="2">项目专业技术负责人：
年 月 日</td><td>验收结论</td><td>专业监理工程师：
（建设单位项目专业技术负责人）：
年 月 日</td></tr>
</table>

注：1. 地基基础、主体结构的质量验收不填写“分包单位”和“分包项目经理”。

2. 当同一分项 2 栏存在多项检验批时，应填写检验批名称。

表C-3 分部（子分部）工程质量验收记录

____________分部（子分部）工程质量验收记录

<table>
<tr><td colspan="3">单位（子单位）工程名称</td><td colspan="2"></td><td colspan="2">结构类型及层数</td><td></td></tr>
<tr><td>施工单位</td><td colspan="2"></td><td>技术部门负责人</td><td></td><td colspan="2">质量部门负责人</td><td></td></tr>
<tr><td>分包单位</td><td colspan="2"></td><td>分包单位负责人</td><td></td><td colspan="2">分包技术负责人</td><td></td></tr>
<tr><td colspan="2">序号</td><td>子分部（分项）工程名称</td><td>分项工程（检验批）数量</td><td colspan="3">施工单位检查评定结果</td><td>验收意见</td></tr>
<tr><td rowspan="7">1</td><td></td><td></td><td></td><td colspan="2"></td><td></td><td rowspan="7"></td></tr>
<tr><td></td><td></td><td></td><td colspan="2"></td><td></td></tr>
<tr><td></td><td></td><td></td><td colspan="2"></td><td></td></tr>
<tr><td></td><td></td><td></td><td colspan="2"></td><td></td></tr>
<tr><td></td><td></td><td></td><td colspan="2"></td><td></td></tr>
<tr><td></td><td></td><td></td><td colspan="2"></td><td></td></tr>
<tr><td></td><td></td><td></td><td colspan="2"></td><td></td></tr>
<tr><td>2</td><td colspan="2">质量控制资料</td><td colspan="4"></td><td></td></tr>
<tr><td>3</td><td colspan="2">安全和功能检验（检测）报告</td><td colspan="4"></td><td></td></tr>
<tr><td>4</td><td colspan="2">观感质量验收</td><td colspan="4"></td><td></td></tr>
<tr><td rowspan="5">验收单位</td><td colspan="2">分包单位</td><td colspan="5">项目经理　　　　年　月　日</td></tr>
<tr><td colspan="2">施工单位</td><td colspan="5">项目经理　　　　年　月　日</td></tr>
<tr><td colspan="2">勘察单位</td><td colspan="5">项目负责人　　　　年　月　日</td></tr>
<tr><td colspan="2">设计单位</td><td colspan="5">项目负责人　　　　年　月　日</td></tr>
<tr><td colspan="2">监理（建设）单位</td><td colspan="5">总监理工程师
（建设单位项目专业负责人）</td></tr>
</table>

注：1. 地基基础、主体结构的质量验收不填写“分包单位”和“分包单位负责人”和“分包技术负责人”。

2. 地基基础、主体结构分部工程验收勘察单位应签认，其他分部工程验收勘察单位可不签认。

表 C-4 单位（子单位）工程质量竣工验收记录

单位（子单位）工程质量竣工验收记录

<table>
<tr><td>工程名称</td><td></td><td>结构类型</td><td></td><td>层数/建筑面积</td><td></td></tr>
<tr><td>施工单位</td><td></td><td>技术负责人</td><td></td><td>开工日期</td><td></td></tr>
<tr><td>分包单位</td><td></td><td>项目技术负责人</td><td></td><td>竣工日期</td><td></td></tr>
</table>

<table>
<tr><td>序号</td><td>项　目</td><td colspan="3">验 收 记 录</td><td>验收结论</td></tr>
<tr><td>1</td><td>分部工程</td><td colspan="3">共　　分部，经查　　分部
符合标准及设计要求</td><td></td></tr>
<tr><td>2</td><td>质量控制资料核查</td><td colspan="3">共　　项，经审查符合要求　　项
经核定符合规范要求　　项</td><td></td></tr>
<tr><td>3</td><td>安全和主要使用功能核查及抽查结果</td><td colspan="3">共核查　　项，符合要求　　项
经核定符合规范要求　　项
经返工处理符合要求　　项</td><td></td></tr>
<tr><td>4</td><td>观感质量验收</td><td colspan="3">共抽查　　项，符合要求　　项
不符合要求　　项</td><td></td></tr>
<tr><td>5</td><td>综合验收结论</td><td colspan="4"></td></tr>
<tr><td rowspan="2">参加验收单位</td><td>建设单位
（公章）</td><td>监理单位
（公章）</td><td>施工单位
（公章）</td><td colspan="2">设计单位
（公章）</td></tr>
<tr><td>单位（项目）负责人：
年　月　日</td><td>总监理工程师：
年　月　日</td><td>单位负责人：
年　月　日</td><td colspan="2">单位（项目）负责人：
年　月　日</td></tr>
</table>

注：1. 地基基础、主体结构的质量验收不填写“分包单位”、“分包单位负责人”和“分包技术负责人”。

2. 地基基础、主体结构分部工程验收时勘察单位应签认，其他分部工程验收时勘察单位可不签认。

表C-5 单位（子单位）工程质量控制资料核查记录

单位（子单位）工程质量控制资料核查记录

工程名称			施工单位		
序号	项目	资料名称	份数	核查意见	核查人
1	建筑与结构	图纸会审、设计变更、洽商记录			
2		工程定位测量、放线记录			
3		原材料出厂合格证书及进场（试）验报告			
4		施工时验报告及见证检测报告			
5		隐蔽工程验收记录			
6		施工记录			
7		预制构件、预拌混凝土合格证			
8		地基、基础、主体结构检验及抽样检测资料			
9		分项、分部工程质量验收记录			
10		工程质量事故及事故调查处理资料			
11		新材料、新工艺施工记录			
12					
1	给排水与采暖	图纸会审、设计变更、洽商记录			
2		材料、配件出厂合格证书及进场（试）验报告			
3		管道、设备强度试验、严密性试验记录			
4		隐蔽工程验收记录			
5		系统清洗、灌水、通水、通球试验记录			
6		施工记录			
7		分项、分部工程质量验收记录			
8					
1	建筑电气	图纸会审、设计变更、洽商记录			
2		材料、设备出厂合格证书及进场检（试）验报告			
3		设备调试记录			
4		接地、绝缘电阻测试记录			
5		隐蔽工程验收记录			
6		施工记录			
7		分项、分部工程质量验收记录			
8					
1	通风与空调	图纸会审、设计变更、洽商记录			
2		材料、设备出厂合格证书及进场检（试）验报告			
3		制冷、空调、水管道强度试验、严密性试验记录			
4		隐蔽工程验收记录			
5		制冷设备运行调试记录			

（续）

工程名称			施工单位		
序号	项目	资料名称	份数	核查意见	核查人
6	通风与空调	通风、空调系统调试记录			
7		施工记录			
8		分项、分部工程质量验收记录			
9					
1	建筑与结构	图纸会审、设计变更、洽商记录			
2		设备出厂合格证书及开箱检验报告			
3		制冷、空调、水管道强度试验、严密性试验记录			
4		隐蔽工程验收记录			
5		施工记录			
6		接地、绝缘电阻测试记录			
7		负荷试验、安全装置检查记录			
8		分项、分部工程质量验收记录			
1	建筑智能化	图纸会审、设计变更、洽商记录、竣工图及设计说明			
2		材料、设备出厂合格证书及技术文件及进场检（试）验报告			
3		隐蔽工程验收记录			
4		系统功能测定及设备调试记录			
5		系统技术、操作和维护手册			
6		系统管理、操作人员培训记录			
7		系统检测报告			
8		分项、分部工程质量验收记录			

结论：

施工单位项目经理：　　　　　　　　　　总监理工程师：

（建设单位项目负责人）

年　月　日　　　　　　　　　　年　月　日

表 C-6 单位（子单位）工程安全和功能检验资料核查及主要功能抽查记录

单位（子单位）工程安全和功能检验资料核查及主要功能抽查记录

工程名称			施工单位			
序号	项目	安全和功能检查项目	份数	核查意见	抽查结果	核查（抽查人）
1	建筑与结构	屋面淋水试验记录				
2		地下室防水效果检查记录				
3		有防水要求的地面蓄水试验记录				
4		建筑物垂直度、标高、全高测量记录				
5		抽气（风）道检查记录				
6		幕墙及外窗气密性、水密性、耐风压检测报告				
7		建筑物沉降观测测量记录				
8		节能、保温测试记录				
9		室内环境检测报告				
10						
1	给排水与采暖	给水管道通水试验记录				
2		暖气管道、散热器压力试验记录				
3		卫生器具满水试验记录				
4		消防管道、燃气管道压力试验记录				
5		排水干管通球试验记录				
6						
1	电气	照明全负荷试验				
2		大型灯具牢固性试验记录				
3		避雷接地电阻测试记录				
4		线路、插座、开关接地检验记录				
5						
1	通风与空调	通风、空调系统试运行记录				
2		风量、温度测试记录				
3		洁净室洁净度测试记录				
4		制冷机组试运行调试记录				
5						
1	电梯	电梯运行记录				
2		电梯安全装置检测记录				
1	智能建筑	系统试运行记录				
2		系统电源及接地检测报告				
3						

结论：

施工单位项目经理：　　　　　　　　　　总监理工程师：

（建设单位项目负责人）

年　月　日　　　　　　　　　　年　月　日

表 C-7 单位（子单位）工程观感质量检查记录

单位（子单位）工程观感质量检查记录

工程名称								施工单位							
序号	项　目		抽查质量状况										质量评定		
													好	一般	差
1	建筑与结构	室外墙面													
2		变形缝													
3		水落管、屋面													
4		室内墙面													
5		室内顶棚													
6		室内地面													
7		楼梯、踏步、护栏													
8		门窗													
1	给排水与采暖	管道接口、坡度、支架													
2		卫生器具、支架、阀门													
3		检查口、扫除口、地漏													
4		散热器、支架													
5															
6															
1	建筑电气	配电箱、盘、板、接线盒													
2		设备器具、开关、插座													
3		防雷、接地													
4															
1	通风与空调	风管、支架													
2		风口、风阀													
3		风机、空调设备													
4		阀门、支架													
5		水泵、冷却塔													
6		绝热													
1	电梯	运行、平层、开关门													
2		层门、信号系统													
3		机房													
1	智能建筑	机房设备安装及布局													
2		现场设备安装													
3															
观感质量综合评价															
检验结论	施工单位项目经理： 年　月　日									总监理工程师： （建设单位项目负责人） 年　月　日					

附录D　见证管理用表

表D-1　有见证取样和送检见证人备案书

________质量监督站：

________试验室：

我单位决定，由________同志担任________工程有见证取样和送检见证人。

负责对涉及建筑安全及功能的试块、试样和材料的见证取样和送检。

有关的印章和签字如下，请查收备案。

有见证取样和送检印章	见证人签字

建设单位名称（盖章）：　　年　月　日

监理单位名称（盖章）：　　年　月　日

施工项目负责人签字：　　年　月　日

表 D-2　见证记录

编号：____________________

工程名称：____________________

取样部位：____________________

样品名称：____________________　取样数量：____________________

取样地点：____________________　取样日期：____________________

见证记录：

有见证取样和送检印章：____________________

取样人签字：____________________

见证人签字：____________________

填制日期：

表 D-3　有见证试验汇总表

工程名称：______________________________

施工单位：______________________________

建设单位：______________________________

监理单位：______________________________

见证人：______________________________

试验室名称：______________________________

试验项目	应送试总次数	有见证试验次数	不合格次数	备　注

施工单位：　　　　　　　　　　　　　　　　　　　　　　制表人：

填表日期：

注：此表由施工单位汇总填写。

附录E 相关组卷参考表

表 E-1 施工资料、竣工图组卷参考表

序号	案卷提名		表格编号（或资料来源）	资料名称	备注
	专业名称	类别名称			
1	管理体系	C0 工程管理与验收资料	表 C0-1	工程概况表	
			表 C0-2	建设工程质量事故调（勘）查记录（调查人填写）	
			表 C0-3	建设工程质量事故调（勘）查记录（报告人填写）	
			—	单位（子单位）工程质量竣工验收记录	
			—	单位（子单位）工程质量控制资料核查记录	
			—	单位（子单位）工程安全和功能检查资料核查及主要功能抽查记录	
			—	单位（子单位）工程观感质量检查记录	
			检测单位提供	室内环境检测报告	由建设单位移交
			施工单位编制	施工总结	
			施工单位编制	工程竣工报告	
2	建筑与结构工程	C1 施工管理资料	表 C1-1	施工现场质量管理检查记录	
			施工单位提供	企业资质证书及相关专业人员岗位证书	
			监理单位提供	见证记录	
			表 C1-2	施工日志	
		C2 施工技术资料	施工单位提供	施工组织设计及施工方案	
			表 C2-1	技术交底记录	
			表 C2-2	图样会审记录	
			表 C2-3	设计变更通知单	
			表 C2-4	工程洽商记录	
		C3 施工测量记录	表 C3-1	工程定位测量记录	
			表 C3-2	基槽验线记录	
			表 C3-3	楼层平面放线记录	
			表 C3-4	楼层标高抄测记录	
			表 C3-5	建筑物垂直度、标高测量记录	
			测量单位提供	沉降观测记录	由建设单位移交
		C4 施工物资资料	表 C4-1	材料、构配件进场检验记录	
			供应单位提供	各种物资出厂质量合格证明文件	
			表 C4-5	半成品钢筋出厂合格证	

（续）

序号	案卷提名		表格编号（或资料来源）	资料名称	备注
	专业名称	类别名称			
2	建筑与结构工程	C4 施工物资资料	表 C4-6	预制混凝土构件出厂合格证	
			表 C4-7	钢构件出厂合格证	
			表 C4-8	预拌混凝土出厂合格证	
			供应单位提供	钢材性能检测报告	
			供应单位提供	水泥性能检测报告	
			供应单位提供	外加剂性能检测报告	
			供应单位提供	防水材料性能检测报告	
			供应单位提供	砖（砌块）性能检测报告	
			供应单位提供	门、窗性能检测报告	建筑外窗应有三性检测报告
			供应单位提供	吊顶材料性能检测报告	
			供应单位提供	饰面板材性能检测报告	
			供应单位提供	饰面石材性能检测报告	
			供应单位提供	饰面砖性能检测报告	
			供应单位提供	涂料性能检测报告	
			供应单位提供	玻璃性能检测报告	安全玻璃应有安全检测报告
			供应单位提供	壁纸、墙布防火及阻燃性能检测报告	
			供应单位提供	装修用粘结剂性能检测报告	
			供应单位提供	隔声、隔热、阻燃、防潮材料特殊性能检测报告	
			供应单位提供	材料污染物含量检测报告	执行 GB 50325—2001
			表 C4-2	材料试验报告（通用）	
			表 C4-9	钢材试验报告	
			表 C4-10	水泥试验报告	
			表 C4-11	砂试验报告	
			表 C4-12	碎（卵）石试验报告	
			表 C4-13	混凝土外加剂试验报告	
			表 C4-14	混凝土掺合料试验报告	
			表 C4-15	防水涂料试验报告	
			表 C4-16	防水卷材试验报告	
			表 C4-17	砖（砌块）试验报告	
			表 C4-18	轻集料试验报告	
			检测单位提供	装饰装修用外门窗复试报告	
			检测单位提供	装饰装修用人造木板复试报告	
			检测单位提供	装饰装修用花岗石复试报告	
			检测单位提供	装饰装修用安全玻璃复试报告	
			检测单位提供	装饰装修用外墙成砖复试报告	

（续）

序号	案卷提名		表格编号（或资料来源）	资料名称	备注
	专业名称	类别名称			
2	建筑与结构工程	C5 施工记录	表 C5-1	隐蔽工程检查记录	
			表 C5-2	预检记录	
			表 C5-3	施工检查记录（通用）	
			表 C5-4	交接检查记录	
			表 C5-5	地基验槽检查记录	
			表 C5-6	地基处理记录	
			表 C5-7	地基钎探记录	应附图
			表 C5-8	混凝土浇筑申请书	
			表 C5-9	预拌混凝土运输单	
			表 C5-10	混凝土开盘鉴定	
			表 C5-11	混凝土拆模申请单	
			表 C5-12	混凝土搅拌测温记录	
			表 C5-13	混凝土养护测温记录	应附图
			表 C5-14	大体积混凝土养护测温记录	应附图
			表 C5-15	构件吊装记录	
			表 C5-16	焊接材料烘焙记录	
			表 C5-17	地下工程防水效果检查记录	
			表 C5-18	防水工程试水检查记录	
			表 C5-19	通风（烟）道、垃圾道检查记录	
		C6 施工试验记录	表 C6-1	施工试验记录（通用）	
			表 C6-4	土工击实试验报告	
			表 C6-5	回填土试验报告	
			技术提供单位提交	钢筋机械连接型式检验报告	
			检测单位提供	钢筋连接工艺检验（评定）报告	
			表 C6-6	钢筋连接试验报告	
			表 C6-7	砂浆配合比申请单、通知单	
			表 C6-8	砂浆抗压强度试验报告	
			表 C6-9	砌筑砂浆试块强度统计、评定记录	
			表 C6-10	混凝土配合比申请单、通知单	
			表 C6-11	混凝土抗压强度试验报告	
			表 C6-12	混凝土试块强度统计、评定记录	
			表 C6-13	混凝土抗渗试验报告	
			混凝土供应单位提供	混凝土碱总量计算书	
			表 C6-14	饰面砖粘结强度试验报告	
			检测单位提供	后置埋件拉拔试验报告	

（续）

序号	案卷提名		表格编号（或资料来源）	资料名称	备注
	专业名称	类别名称			
2	建筑与结构工程	C7 施工质量验收记录	表 C7-1	结构实体混凝土强度验收记录	参照 GB 50300—2001 和专业施工质量验收规范
			表 C7-2	结构实体钢筋保护层厚度验收记录	
			表 C7-3	钢筋保护层厚度试验记录	
			施工单位提供	检验批质量验收记录表	
			施工单位提供	分项工程质量验收记录表	
			施工单位提供	分部（子分部）工程质量验收记录表	
3	建筑与结构工程——有支护土方工程卷	C1 施工管理资料	表 C1-1	施工现场质量管理检查记录	
			专业施工单位提供	企业资质证书及相关专业人员岗位证书	
			专业施工单位提供	见证记录	
			表 C1-2	施工日志	
		C2 施工技术资料	专业施工单位提供	施工方案	
			表 C2-1	技术交底记录	
			表 C2-2	图样会审记录	
			表 C2-3	设计变更通知单	
			表 C2-4	工程洽商记录	
		C3 施工测量记录	专业施工单位提供	施工测量记录	
		C4 施工物资资料	表 C4-1	材料、构配件进场检验记录	
			供应单位提供	出厂质量证明文件（水泥、砂、石、钢筋、钢绞线等）	
			表 C4-8	预拌混凝土出厂合格证	
			检测单位提供	复试报告及检测报告（水泥、砂、石、钢筋、钢绞线等）	
			专业施工单位提供	基坑支护变形监测记录	
		C5 施工记录	表 C5-1	隐蔽工程检查记录	
			表 C5-2	预检记录	
			表 C5-4	交接检查记录	
			专业施工单位提供	桩施工记录	
		C6 施工试验记录	检测单位提供	锚杆、土钉锁定力（抗拔力）试验报告	
			检测单位提供	桩检测报告	
			检测单位提供	钢筋连接工艺检验	
			表 C6-6	钢筋连接试验报告	
			表 C6-7	砂浆配合比通知单	

（续）

序号	案卷提名		表格编号（或资料来源）	资料名称	备注
	专业名称	类别名称			
3	建筑与结构工程——有支护土方工程卷	C6 施工试验记录	表 C6-8	砂浆抗压强度试验报告	
			表 C6-10	混凝土配合比通知单	
			表 C6-11	混凝土抗压强度试验报告	
			表 C6-13	混凝土抗渗试验报告	
		C7 施工质量验收记录	施工单位提供	检验批质量验收记录表	参照 GB 50300—2001 和专业施工质量验收规范
			施工单位提供	分项工程质量验收记录表	
			施工单位提供	分部（子分部）工程质量验收记录表	
4	建筑与结构工程——桩（地）基工程卷	C1 施工管理资料	表 C1-1	施工现场质量管理检查记录	
			专业施工单位提供	企业资质证书及相关专业人员岗位证书	
			专业施工单位提供	见证记录	
			表 C1-2	施工日志	
		C2 施工技术资料	专业施工单位提供	施工方案	
			表 C2-1	技术交底记录	
			表 C2-2	图样会审记录	
			表 C2-3	设计变更通知单	
			表 C2-4	工程洽商记录	
		C3 施工测量记录	专业施工单位提供	施工测量记录	
		C4 施工物资资料	表 C4-1	材料、构配件进场检验记录	
			供应单位提供	出厂质量证明文件（水泥、砂、石、钢材等）	
			表 C4-8	预拌混凝土出厂合格证	
			检测单位提供	复试报告及检测报告（水泥、砂、石、钢材等）	
		C5 施工记录	表 C5-1	隐蔽工程检查记录	
			表 C5-2	预检记录	
			表 C5-4	交接检查记录	
			专业施工单位提供	桩（地）基施工记录	
		C6 施工试验记录	表 C6-10	混凝土配合比通知单	
			表 C6-11	混凝土抗压强度试验报告	
			表 C6-13	混凝土抗渗试验报告	
			混凝土供应单位	混凝土碱总量计算书	
			检测单位提供	地基承载力检测报告	
			检测单位提供	桩检测报告	

（续）

序号	案卷提名		表格编号（或资料来源）	资料名称	备注
	专业名称	类别名称			
4	建筑与结构工程——桩（地）基工程卷	C7 施工质量验收记录	施工单位提供	检验批质量验收记录表	参照 GB 50300—2001 和专业施工质量验收规范
			施工单位提供	分项工程质量验收记录表	
			施工单位提供	分部（子分部）工程质量验收记录表	
5	建筑与结构工程——预应力工程卷	C1 施工管理资料	表 C1-1	施工现场质量管理检查记录	
			专业施工单位提供	企业资质证书及相关专业人员岗位证书	
			专业施工单位提供	见证记录	
			表 C1-2	施工日志	
		C2 施工技术资料	专业施工单位提供	施工方案	
			表 C2-1	技术交底记录	
			表 C2-2	图样会审记录	
			表 C2-3	设计变更通知单	
			表 C2-4	工程洽商记录	
		C3 施工测量记录	专业施工单位提供	施工测量记录	
		C4 施工物资资料	表 C4-1	材料、构配件进场检验记录	
			供应单位提供	出厂质量证明及性能检测报告（预应力筋、锚具、夹具和连接器、涂包层、套管等）	
			检测单位提供	预应力筋复试报告	
			检测单位提供	预应力筋、锚具、夹具和连接器复试报告（静载锚固性能）	
		C5 施工记录	表 C5-1	隐蔽工程检查记录	
			表 C5-2	预检记录	
			表 C5-4	交接检查记录	
			表 C5-20	预应力筋张拉记录（一）	
			表 C5-21	预应力筋张拉记录（二）	
		C6 施工试验记录	表 C6-7	砂浆配合比通知单	
			表 C6-8	灌浆用水泥强度试验报告	
			表 C6-10	混凝土配合比通知单	
			表 C6-11	混凝土抗压强度试验报告	
		C7 施工质量验收记录	专业施工单位提供	检验批质量验收记录表	参照 GB 50300—2001 和专业施工质量验收规范
			专业施工单位提供	分项工程质量验收记录表	
			施工单位提供	分部（子分部）工程质量验收记录表	
6	建筑与结构工程——钢结构工程卷	C5 施工记录	表 C5-16	焊接材料烘焙记录	
			专业施工单位提供	钢结构施工检查记录	
			专业施工单位提供	其他施工检查记录	

（续）

序号	案卷提名		表格编号（或资料来源）	资料名称	备注
	专业名称	类别名称			
6	建筑与结构工程——钢结构工程卷	C6 施工记录	表 C6-15	超声波探伤报告	
			表 C6-16	超声波探伤记录	
			表 C6-17	钢构件射线探伤报告	
			检测单位提供	磁粉探伤报告	
			检测单位提供	高强螺栓抗滑移系数检测报告	
			检测单位提供	钢结构焊接工艺评定	
			检测单位提供	网架节点承载力试验报告	
			检测单位提供	钢结构涂料厚度检测报告	
		C7 施工质量验收记录	施工单位提供	检验批质量验收记录表	参照 GB 50300—2001 和专业施工质量验收规范
			施工单位提供	分项工程质量验收记录表	
			施工单位提供	子分部工程质量验收记录表	
7	建筑与结构工程——网架和索膜结构工程卷			按照设计要求和现行规范、标准规定执行	可参考钢结构工程卷组卷要求
8	建筑与结构工程——木结构工程卷	C1 施工管理资料	表 C1-1	施工现场质量管理检查记录	
			专业施工单位提供	企业资质证书及相关专业人员岗位证书	
			专业施工单位提供	见证记录	
			表 C1-2	施工日志	
		C2 施工技术资料	专业施工单位提供	施工方案	
			表 C2-1	技术交底记录	
			表 C2-2	图样会审记录	
			表 C2-3	设计变更通知单	
			表 C2-4	工程洽商记录	
		C3 施工测量记录	专业施工单位提供	施工测量记录	
		C4 施工物资资料	表 C4-1	材料、构配件进场检验记录	
			供应单位提供	出厂质量合格证明文件（木材、木构件、钢件、胶合剂等）	
			供应单位提供	木材性能检测报告	
			供应单位提供	含水率检测报告	
			供应单位提供	钢件检测报告	
			检测单位提供	木结构材料复试报告	
		C5 施工记录	表 C5-1	隐蔽工程检查记录	
			表 C5-2	预检记录	
			表 C5-4	交接检查记录	

（续）

序号	案卷提名		表格编号（或资料来源）	资料名称	备注
	专业名称	类别名称			
8	建筑与结构工程——木结构工程卷	C5 施工记录	表 C5-15	构件吊装记录	
			专业施工单位提供	木结构施工记录	
		C6 施工试验记录	检测单位提供	木结构胶缝试验报告	
			检测单位提供	木结构构件力学性能试验报告	
			检测单位提供	木结构防护剂试验报告	
		C7 施工质量验收记录	专业施工单位提供	检验批质量验收记录表	参照 GB 50300—2001 和专业施工质量验收规范
			专业施工单位提供	分项工程质量验收记录表	
			专业施工单位提供	子分部工程质量验收记录表	
9	建筑与结构工程——幕墙工程卷	C1 施工管理资料	表 C1-1	施工现场质量管理检查记录	
			专业施工单位提供	企业资质证书及相关专业人员岗位证书	
			专业施工单位提供	见证记录	
			表 C1-2	施工日志	
		C2 施工技术资料	专业施工单位提供	施工方案及设计计算书	
			表 C2-1	技术交底记录	
			表 C2-2	图样会审记录	
			表 C2-3	设计变更通知单	
			表 C2-4	工程洽商记录	
		C3 施工测量记录	专业施工单位提供	施工测量记录	
		C4 物资资料	表 C4-1	材料、构配件进场检验记录	
			供应单位提供	出厂质量合格证及质量保证书等（玻璃、石材、铝塑板、铝型材、钢材、粘结剂、密封胶等）	
			检测单位提供	幕墙性能检测报告	
			检测单位提供	硅酮结构胶检测报告	
			检测单位提供	玻璃性能检测报告	
			检测单位提供	石材性能检测报告	
			检测单位提供	金属板性能检测报告	
			检测单位提供	防火材料性能检测报告	
			检测单位提供	铝塑板复试报告	
			检测单位提供	石材复试报告	
			检测单位提供	安全玻璃复试报告	
			检测单位提供	结构胶复试报告	
			检测单位提供	石材用密封胶耐污染性复试报告	

（续）

序号	案卷提名		表格编号（或资料来源）	资料名称	备注
	专业名称	类别名称			
9	建筑与结构工程——幕墙工程卷	C5 施工记录	表 C5-1	隐蔽工程检查记录	
			表 C5-2	预检记录	
			表 C5-4	交接检查记录	
			表 C5-18	淋水检查记录	
			专业施工单位提供	幕墙注胶记录	
		C6 施工试验记录	检测单位提供	双组份硅酮结构胶混匀性及拉断试验报告	
			检测单位提供	后置埋件拉拔检测报告	
		C7 施工质量验收记录	专业施工单位提供	检验批质量验收记录表	参照 GB 50300—2001 和专业施工质量验收规范
			专业施工单位提供	分项工程质量验收记录表	
			专业施工单位提供	子分部工程质量验收记录表	
10	建筑给水排水及采暖工程卷	C1 施工管理资料	表 C1-1	施工现场质量管理检查记录	
			专业施工单位提供	企业资质证书及相关专业人员岗位证书	
			表 C1-2	施工日志	
		C2 施工技术资料	专业施工单位提供	施工方案	
			表 C2-1	技术交底记录	
			表 C2-2	图样会审记录	
			表 C2-3	设计变更通知单	
			表 C2-4	工程洽商记录	
		C4 施工物资资料	表 C4-1	材料、构配件进场检验记录	
			表 C4-3	设备开箱检验记录	
			表 C4-4	设备及管道附件试验记录	
			供应单位提供	管材的产品质量证明文件	
			供应单位提供	主要材料、设备等产品质量合格证、检测报告	
			供应单位提供	绝热材料的产品质量合格证、检测报告	
			供应单位提供	给水管道材料卫生检测报告	
			供应单位提供	成品补偿器预拉伸证明书	
			供应单位提供	卫生洁具环保检测报告	
			供应单位提供	承压设备焊缝无损伤检测报告	
			供应单位提供	水表、热量表计量检定证书	
			供应单位提供	主要器具和设备安装使用说明书	
		C5 施工记录	表 C5-1	隐蔽工程检查记录	
			表 C5-2	预检记录	
			表 C5-3	施工检查记录（通用）	
			表 C5-4	交接检查记录	

（续）

序号	案卷提名		表格编号（或资料来源）	资料名称	备　注
	专业名称	类别名称			
10	建筑给水排水及采暖工程卷	C6 施工试验记录	表 C6-2	设备单机试运转记录	
			表 C6-3	系统试运转调试记录	
			表 C6-18	灌（满）水试验记录	
			表 C6-19	强度严密性试验记录	
			表 C6-20	通水试验记录	
			表 C6-21	吹（冲）洗（脱脂）试验记录	
			表 C6-22	通球试验记录	
			表 C6-23	补偿器安装记录	
			表 C6-24	消火栓试射记录	
		C7 施工质量验收记录	施工单位提供	检验批质量验收记录表	参照 GB 50300—2001 和专业施工质量验收规范
			施工单位提供	分项工程质量验收记录表	
			施工单位提供	分部（子分部）工程质量验收记录表	
11	建筑给水排水及采暖工程——供热锅炉及辅助设备工程卷	C1 施工管理资料	表 C1-1	施工现场质量管理检查记录	
			专业施工单位提供	企业资质证书及相关专业人员岗位证书	
			表 C1-2	施工日志	
		C2 施工技术资料	专业施工单位提供	施工方案	
			表 C2-1	技术交底记录	
			表 C2-2	图样会审记录	
			表 C2-3	设计变更通知单	
			表 C2-4	工程洽商记录	
		C4 施工物资资料	表 C4-1	材料、构配件进场检验记录	
			表 C4-3	设备开箱检验记录	
			表 C4-4	设备及管道附件试验记录	
			供应单位提供	仪表、锅炉及附属设备、分集水器、安全阀、水位计、减压阀、疏水器等产品质量合格证及调试报告	
			供应单位提供	绝热材料产品质量合格证和材质检测报告	
			供应单位提供	锅炉焊缝无损探伤检测报告	
			供应单位提供	减压阀、安全阀调试报告和定压合格证书	
			供应单位提供	设备安装使用说明书	
		C5 施工记录	表 C5-1	隐蔽工程检查记录	
			表 C5-2	预检记录	
			表 C5-3	施工检查记录（通用）	
			表 C5-4	交接检查记录	

（续）

序号	案卷提名		表格编号（或资料来源）	资料名称	备注
	专业名称	类别名称			
11	建筑给水排水及采暖工程——供热锅炉及辅助设备工程卷	C6 施工试验记录	表 C6-19	强度严密性试验记录	
			表 C6-21	吹（冲）洗（脱脂）试验记录	
			表 C6-25	安全附件安装检查记录	
			表 C6-26	锅炉封闭及烘炉（烘干）记录	
			表 C6-27	锅炉煮炉试验记录	
			表 C6-28	锅炉试运行记录	
			试验单位提供	安全阀调试记录	
		C7 施工质量验收记录	专业施工单位提供	检验批质量验收记录表	参照 GB 50300—2001 和专业施工质量验收规范
			专业施工单位提供	分项工程质量验收记录表	
			专业施工单位提供	子分部工程质量验收记录表	
12	建筑电气工程卷	C1 施工管理资料	表 C1-1	施工现场质量管理检查记录	
			专业施工单位提供	企业资质证书及相关专业人员岗位证书	
			表 C1-2	施工日志	
		C2 施工技术资料	专业施工单位提供	施工方案	
			表 C2-1	技术交底记录	
			表 C2-2	图样会审记录	
			表 C2-3	设计变更通知单	
			表 C2-4	工程洽商记录	
		C4 施工物资资料	表 C4-1	材料、构配件进场检验记录	
			表 C4-3	设备开箱检验记录	
			表 C4-4	设备及管道附件试验记录	
			供应单位提供	低压成套配电柜、动力、照明配电箱（盘柜）出厂合格证、生产许可证、试验记录、CCC 认证及证书复印件	
			供应单位提供	电力变压器、柴油发电机组、高压成套配电柜、蓄电池柜、不同断电源柜、控制柜（屏、台）出厂合格证、生产许可证、试验记录	
			供应单位提供	电动机、电加热器、电动执行机构和低压开关、设备合格证、生产许可证、CCC 认证及证书复印件	
			供应单位提供	照明灯具、开关、插座、风扇及附件出厂合格证、CCC 认证及证书复印件	
			供应单位提供	电线、电缆出厂合格证、生产许可证、CCC 认证及证书复印件	

（续）

序号	案卷提名		表格编号（或资料来源）	资料名称	备注
	专业名称	类别名称			
12	建筑电气工程卷	C4 施工物资资料	供应单位提供	导管、电缆桥架和线槽出厂合格证	
			供应单位提供	型钢和电焊条合格证和材质证明书	
			供应单位提供	镀锌制品（支架、横担、接地极、避雷用型钢等）和外线金具合格证和镀锌质量证明书	
			供应单位提供	封闭母线、插接母线合格证、安装技术文件、CCC认证及证书复印件	
			供应单位提供	裸母线、裸导线、电缆头部件及接线端子、钢制灯柱、混凝土电杆和其他混凝土制品合格证	
			供应单位提供	主要设备安装技术文件	
		C5 施工记录	表C5-1	隐蔽工程检查记录	
			表C5-2	预检记录	
			表C5-3	施工检查记录（通用）	
			表C5-4	交接检查记录	
		C6 施工试验记录	表C6-29	电气接地电阻测试记录	
			表C6-30	电气防雷接地装置隐检与平面示意图	
			表C6-31	电气绝缘电阻测试记录	
			表C6-32	电气器具通电安全检查记录	
			表C6-33	电气设备空载试运行记录	
			表C6-34	建筑物照明通电试运行记录	
			表C6-35	大型照明灯具承载试验记录	
			检验单位提供	高压部分试验记录	
			表C6-36	漏电开关模拟试验记录	
			检定单位提供	电度表检定记录	
			表C6-37	大容量电气线路结点测温记录	
			表C6-38	避雷带支架拉力测试记录	
		C7 施工质量验收记录	施工单位提供	检验批质量验收记录表	参照GB 50300—2001和专业施工质量验收规范
			施工单位提供	分项工程质量验收记录表	
			施工单位提供	分部（子分部）工程验收记录表	
13	建筑电气工程——变配电室工程卷	C1 施工管理资料	表C1-1	施工现场质量管理检查记录	
			专业施工单位提供	企业资质证书及相关专业人员岗位证书	
			表C1-2	施工日志	
		C2 施工技术资料	专业施工单位提供	施工方案	
			表C2-1	技术交底记录	

（续）

序号	案卷提名		表格编号（或资料来源）	资料名称	备注
	专业名称	类别名称			
13	建筑电气工程——变配电室工程卷	C2 施工技术资料	表 C2-2	图样会审记录	
			表 C2-3	设计变更通知单	
			表 C2-4	工程洽商记录	
		C4 施工物资资料	表 C4-1	材料、构配件进场检验记录	
			表 C4-3	设备开箱检验记录	
			表 C4-4	设备及管道附件试验记录	
			供应单位提供	电力变压器出厂合格证和试验记录	
			供应单位提供	高、低压成套配电柜出厂合格证、生产许可证及试验记录，低压成套配电柜 CCC 认证及证书复印件	
			供应单位提供	电缆出厂合格证、CCC 认证及证书复印件	
			供应单位提供	避雷用型钢合格证	
		C5 施工记录	表 C5-1	隐蔽工程检查记录	
			表 C5-2	预检记录	
			表 C5-3	施工检查记录（通用）	
			表 C5-4	交接检查记录	
		C6 施工试验记录	表 C6-29	电气接地电阻测试记录	
			表 C6-31	电气绝缘电阻测试记录	
			表 C6-33	电气设备空载试运行记录	
			检验单位提供	高压部分试验记录	
			表 C6-37	大容量电气线路结点测温记录	
		C7 施工质量验收记录	专业施工单位提供	检验批质量验收记录表	参照 GB 50300—2001 和专业施工质量验收规范
			专业施工单位提供	分项工程质量验收记录表	
			专业施工单位提供	子分部工程质量验收记录表	
14	智能建筑工程卷			按照设计要求及现行规范、标准规定执行	
15	通风与空调工程卷	C1 施工管理资料	表 C1-1	施工现场质量管理检查记录	
			专业施工单位提供	企业资质证书及相关专业人员岗位证书	
			表 C1-2	施工日志	
		C6 施工试验记录	表 C6-44	空调系统试运转调试记录	
			表 C6-45	空调水系统试运转调试记录	
			表 C6-46	制冷系统气密性试验记录	
			表 C6-47	净化空调系统测试记录	
			表 C6-48	防排烟系统联合试运行记录	
		C7 施工质量验收记录	施工单位提供	检验批质量验收记录表	参照 GB 50300—2001 和专业施工质量验收规范
			施工单位提供	分项工程质量验收记录表	
			施工单位提供	分部（子分部）工程质量验收记录表	

（续）

序号	案卷提名		表格编号（或资料来源）	资料名称	备注
	专业名称	类别名称			
16	电梯工程卷	C1 施工管理资料	表 C1-1	施工现场质量管理检查记录	
			专业施工单位提供	企业资质证书及相关专业人员岗位证书	
			表 C1-2	施工日志	
		C2 施工技术资料	专业施工单位提供	施工方案	
			表 C2-1	技术交底记录	
			表 C2-2	图样会审记录	
			表 C2-3	设计变更通知单	
			表 C2-4	工程洽商记录	
		C4 施工物资资料	表 C4-1	材料、构配件进场检验记录	
			表 C4-19	电梯设备开箱检验记录	
			供应单位提供	电梯主要设备、材料及附件出厂合格证、产品说明书、安装技术文件	
		C5 施工记录	表 C5-23	电梯承重梁、起重吊环埋设隐蔽工程检查记录	
			表 C5-24	电梯钢丝绳头灌注隐蔽工程检查记录	
			表 C5-25	电梯导轨、层门支架、螺栓埋设隐蔽工程检查记录	
			表 C5-26	电梯电气装置安装检查记录（一）~（三）	
			表 C5-27	电梯机房、井道预检记录	
			表 C5-28	自动扶梯、自动人行道安装与土建交接预检记录	
			表 C5-29	自动扶梯、自动人行道的相邻区域检查记录	
			表 C5-30	自动扶梯、自动人行道电气装置检查记录（一）、（二）	
			表 C5-31	自动扶梯、自动人行道整机安装质量检查记录	
		C6 施工试验记录	表 C6-49	轿厢平层准确度测量记录	
			表 C6-50	电梯层门安全装置检验记录	
			表 C6-51	电梯电气安全装置检验记录	
			表 C6-52	电梯整机功能检验记录	
			表 C6-53	电梯主要功能检验记录	
			表 C6-54	电梯负荷运行试验记录	
			表 C6-55	电梯负荷运行试验曲线图	

（续）

序号	案卷提名		表格编号（或资料来源）	资料名称	备注
	专业名称	类别名称			
16	电梯工程卷	C6 施工试验记录	表 C6-56	电梯噪声测试记录	
			表 C6-57	自动扶梯、自动人行道安全装置检验记录（一）、(二)	
			表 C6-58	自动扶梯、自动人行道整机性能、运行试验记录	
		C7 施工质量验收记录	施工单位提供	检验批质量验收记录表	参照 GB 50300—2001 和专业施工质量验收规范
			施工单位提供	分项工程质量验收记录表	
			施工单位提供	分部（子分部）工程质量验收记录表	
17	竣工图		编制单位提供	建筑竣工图、幕墙竣工图	
				结构竣工图	
				建筑给水、排水与采暖竣工图	
				燃气竣工图	
				建筑电气竣工图	
				智能建筑竣工图（综合布线、保安监控、电视天线、火灾报警、气体灭火等）	
				通风空调竣工图	
				地上部分的道路、绿化、庭院照明、喷泉、喷灌等竣工图	室外工程
				地下部分的各种市政、电力、电信管线等竣工图	

表 E-2　交城建档案馆的工程档案内容与组卷表

案卷题名		类别编号（或表格编号）	文件名称	备注
分类名称	类别名称			
基建文件	立项文件	A1-1	项目建议书	
		A1-2	项目建议书的批复文件	
		A1-3	可行性研究报告	
		A1-4	可行性研究报告的批复文件	
		A1-5	关于立项的会议纪要、领导批示	
		A1-6	专家对项目的有关建议文件	
		A1-7	项目评估研究资料	
	征占用地拆迁文件	A2-1	征占用地的批准文件和对使用国有土地的批复意见	
		A2-2	规划意见书及附图	
		A2-3	建设用地规划许可证、许可证附件及附图	
		A2-4	国有土地使用证	
		A2-5	国有土地使用权出让交易文件	

（续）

案卷题名		类别编号（或表格编号）	文件名称	备注
分类名称	类别名称			
基建文件	勘察测绘设计文件	A3-1	工程地质勘察报告	
		A3-2	水文地质勘察报告	
		A3-3	建筑用地钉桩通知单	
		A3-4	验线合格文件	
		A3-5	审定设计方案通知书及附图	
		A3-6	审定设计方案通知书有关人防、环保、消防、交通、园林、市政、文物、通信、保密、河湖、教育等部门的审查意见和要求取得的有关协议	
		A3-10	消防设计审核意见	
		A3-11	施工图审查通知书	
	开工文件	A5-1	年度施工任务批准文件	
		A5-2	修改工程施工图通知书	
		A5-3	建设工程规划许可证、附件及附图	
		A5-4	建设工程施工许可证	
		A5-5	工程质量监督手续	
	商务文件	A6-5	工程结、决算	
		A6-6	交付使用固定资产清单	
		A6-7	建设工程概况	
	验收及备案文件	A7-1	建设工程竣工验收备案表	
		A7-2	工程竣工验收报告	
		A7-3	由规划、公安消防、环保等部门出具的认可文件或准许使用文件	
		A7-6	建设工程规划验收合格文件	
		A7-7	建设工程竣工档案预验收意见	
	其他文件	A8-2	工程竣工总结	
		A8-3	工程未开工前的原貌、竣工新貌照片	
		A8-4	工程开工、施工、竣工的录音录像资料	
监理文件	施工监理	监理单位	监理规划、监理实施细则	
		监理单位	监理工作总结（专题、阶段和竣工总结）	
		监理单位	质量事故报告及处理资料	
		—	竣工移交证书	
		监理单位	工程质量评估报告	

（续）

案卷题名		类别编号（或表格编号）	文件名称	备注
分类名称	类别名称			
施工文件	工程管理与验收	表C0-1	工程概况表	
		表C0-2	建设工程质量事故调（勘）查记录	
		表C0-3	建设工程质量事故报告书	
		—	分部工程质量验收记录表	
		—	子分部工程质量验收记录表（应单独组卷的分部）	
		—	单位（子单位）工程质量竣工验收记录表	
		—	单位（子单位）工程质量控制资料核查记录	
		施工单位	施工总结	
		施工单位	工程竣工报告	
	建筑与结构工程	表C2-2	图样会审记录	
		表C2-3	设计变更通知单	
		表C2-4	工程洽商记录	
		表C3-1	工程定位测量记录	
		表C3-2	基槽验线记录	
		测量单位提供	沉降观测记录	
		表C4-8	预拌混凝土出厂合格证	
		供应单位提供	钢材性能检测报告	
		表C4-9	钢材试验报告	
		表C4-10	水泥试验报告	现场搅拌混凝土用
		表C4-11	砂试验报告	
		表C4-12	碎（卵）石试验报告	
		表C4-13	混凝土外加剂试验报告	冬施混凝土防冻剂
		表C4-17	砖（砌块）试验报告	承重结构用
		表C5-1	隐蔽工程检查记录	基础、结构钢筋
		表C5-5	地基验槽检查记录	
		表C5-6	地基处理记录	
		表C5-7	地基钎探记录	
		表C6-4	土工击实试验报告	
		表C6-5	回填土试验报告	
		表C6-6	钢筋连接试验报告	
		表C6-9	砌筑砂浆试块强度统计、评定记录	
		表C6-12	混凝土试块强度统计、评定记录	
		表C6-13	混凝土抗渗试验报告	
		混凝土供应单位提供	混凝土碱总量计算书	

（续）

案卷题名			类别编号（或表格编号）	文件名称	备注
分类名称	类别名称				
施工文件	建筑与结构工程	桩（地）基工程	表 C2-2	图样会审记录	
			表 C2-3	设计变更通知单	
			表 C2-4	工程洽商记录	
			专业施工单位提供	原材料复试报告（水泥、砂、石、钢材）及施工试验报告（混凝土、砂浆试块强度）	
			表 C5-1	隐蔽工程检查记录	
			专业施工单位提供	桩（地）基施工记录	
			检测单位提供	桩（地）基检测报告	
		预应力工程	表 C2-2	图样会审记录	
			表 C2-3	设计变更通知单	
			表 C2-4	工程洽商记录	
			检测单位提供	预应力筋复试报告	
			检测单位提供	预应力用水泥、外加剂复试报告	
			表 C5-1	隐蔽工程检查记录	
			表 C5-20	预应力筋张拉记录（一）	
			表 C5-21	预应力筋张拉记录（二）	
			表 C5-22	有粘结预应力结构灌浆记录	
		钢结构工程	表 C2-2	图样会审记录	
			表 C2-3	设计变更通知单	
			表 C2-4	工程洽商记录	
			供应单位提供	钢材性能检验报告	
			表 C4-9	钢材试验报告	
			检测单位提供	金相试验报告	
			表 C5-1	隐蔽工程检查记录	
			表 C6-15	超声波探伤报告	
			表 C6-16	超声波探伤记录	
			表 C6-17	钢构件射线探伤报告	
			检测单位提供	磁粉探伤报告	
		网架（索膜）结构工程	专业施工单位提供	按设计要求和现行规范、标准规定执行	可参考钢结构工程组卷要求
		幕墙工程	设计、施工单位	幕墙设计计算书	
			表 C2-2	图样会审记录	
			表 C2-3	设计变更通知单	

（续）

案卷题名			类别编号（或表格编号）	文件名称	备注
分类名称	类别名称				
施工文件	建筑与结构工程	幕墙工程	表 C2-4	工程洽商记录	
			供应单位提供	铝塑板复试报告及检测报告	
			供应单位提供	结构胶复试报告及检测报告	
			供应单位提供	石材复试报告及检测报告	
			供应单位提供	雨水、空气渗透性、风压变形性能检测报告	
	建筑给水、排水及采暖工程		表 C5-1	隐蔽工程检查记录	
			表 C2-2	图样会审记录	
			表 C2-3	设计变更通知单	
			表 C2-4	工程洽商记录	
			表 C5-1	隐蔽工程检查记录	
			表 C6-2	设备单机试运转记录	
			表 C6-3	系统试运转调试记录	
			表 C6-19	强度严密性试验记录	
			表 C6-24	消火栓试射记录	
	供热锅炉及辅助设备工程		表 C6-19	强度严密性试验记录	
			表 C6-25	安全附件安装检查记录	
			表 C6-26	锅炉封闭及烘炉（烘干）记录	
			表 C6-27	锅炉煮炉试验记录	
			表 C6-28	锅炉试运行记录	
			试验单位提供	安全阀调试记录	
	建筑电气工程		表 C2-2	图样会审记录	
			表 C2-3	设计变更通知单	
			表 C2-4	工程洽商记录	
			表 C5-1	隐蔽工程检查记录	
			表 C6-29	电气接地电阻测试记录	
			表 C6-30	电气防雷接地装置隐检与平面示意图	
			检测单位提供	高压部分试验记录	
	智能建筑工程		专业施工单位提供	按设计要求和现行规范、标准规定执行	
	通风与空调工程		表 C2-2	图样会审记录	
			表 C2-3	设计变更通知单	
			表 C2-4	工程洽商记录	
			表 C5-1	隐蔽工程检查记录	
			表 C6-2	设备单机试运转记录	

（续）

案卷题名		类别编号（或表格编号）	文件名称	备注
分类名称	类别名称			
施工文件	通风与空调工程	表C6-3	系统试运转调试记录	
		表C6-19	强度严密性试验记录	
		表C6-44	空调系统试运转调试记录	
		表C6-45	空调水系统试运转调试记录	
		表C6-46	制冷系统气密性试验记录	
		表C6-47	净化空调系统测试记录	
		表C6-48	防排烟系统联合试运行记录	
	电梯安装工程	表C2-2	图样会审记录	
		表C2-3	设计变更通知单	
		表C2-4	工程洽商记录	
		表C5-23	电梯承重梁、起重吊环埋设隐蔽工程检查记录	
		表C5-24	电梯钢丝绳头灌注隐蔽工程检查记录	
		表C5-25	电梯导轨、层门支架、螺栓埋设隐蔽工程检查记录	
		表C6-50	电梯层门安全装置检验记录	
		表C6-52	电梯整机功能检验记录	
		表C6-54	电梯负荷运行试验记录表	
		表C6-58	自动扶梯、自动人行道整机性能、运行试验记录	
	室外工程	专业施工单位提供	规划红线以内的道路、路灯、绿化及地下各种管线工程的隐检、洽商、施工记录等文件	
竣工图		编制单位提供	工艺平面布置图等竣工图	
			建筑竣工图、幕墙竣工图	
			结构竣工图	
			建筑给水、排水与采暖竣工图	
			燃气竣工图	
			建筑电气竣工图	
			智能建筑竣工图（综合布线、保安监控、电视天线、火灾报警、气体灭火等）	
			通风空调竣工图	
			地上部分的道路、绿化、庭院照明、喷泉、喷灌等竣工图	室外工程
			地下部分的各种市政、电力、电信管线等竣工图	

注：移交城建档案馆的监理资料、施工资料称为监理文件、施工文件。